新工科计算机专业

卓越人才培养·系列教材

数据库原理及应用学习指导与上机实验（MySQL版）

陈志泊 崔晓晖 编著

GUIDANCE AND EXPERIMENT FOR DATABASE PRINCIPLES AND APPLICATIONS

人民邮电出版社

北京

图书在版编目（CIP）数据

数据库原理及应用学习指导与上机实验 : MySQL版 /
陈志泊, 崔晓晖编著. -- 北京 : 人民邮电出版社,
2023.12
新工科计算机专业卓越人才培养系列教材
ISBN 978-7-115-62233-4

Ⅰ. ①数… Ⅱ. ①陈… ②崔… Ⅲ. ①关系数据库系
统－高等学校－教材 Ⅳ. ①TP311.132.3

中国国家版本馆CIP数据核字(2023)第121651号

内 容 提 要

本书是教材《数据库原理及应用教程（MySQL 版）（微课版）》的配套用书，共 17 章，主要内容包括：数据库系统概述，关系数据库，SQL 的基本概念和 MySQL 简介，数据库的创建和管理，数据表的管理和表中数据操纵，数据表中的数据查询，视图和索引，数据库安全性管理，数据库并发控制与封锁，数据库备份还原和日志管理，数据库设计概述及需求分析，关系模式的规范化理论，数据库概念结构设计和逻辑结构设计，数据库物理结构设计、实施和运行维护，存储过程与存储函数，触发器和事件，使用 Python 连接 MySQL 数据库。本书总结了教材各章的知识要点，针对性地安排适量的典型习题，并对教材习题和本书典型习题进行详细解答。此外，本书还在重要章节设置实验任务并配套详细的实验任务解答。

本书可作为高等学校计算机及相关专业的辅导教材，也可供从事计算机软件工作的科技人员、工程技术人员及其他有关人员参阅。

◆ 编　　著　陈志泊　崔晓晖
　责任编辑　孙　澍
　责任印制　王　郁　陈　犇
◆ 人民邮电出版社出版发行　　　北京市丰台区成寿寺路 11 号
　邮编　100164　　电子邮件　315@ptpress.com.cn
　网址　https://www.ptpress.com.cn
　北京市艺辉印刷有限公司印刷
◆ 开本：787×1092　1/16
　印张：12　　　　　　　　2023 年 12 月第 1 版
　字数：286 千字　　　　　2023 年 12 月北京第 1 次印刷

定价：49.80 元

读者服务热线：(010)81055256　印装质量热线：(010)81055316
反盗版热线：(010)81055315
广告经营许可证：京东市监广登字 20170147 号

数据库及其相关技术是当前计算机应用领域中发展迅速、应用广泛的技术之一。随着新一代信息技术的发展，如何驾驭数据，解决数据的组织、存储、操纵、查询等问题，是新工科背景下高素质人才培养的重要课题。

前期，本书编写团队先后编纂国家级规划教材《数据库原理及应用教程（第 4 版）（微课版）》《数据库原理及应用教程（MySQL 版）（微课版）》等，在中国大学 MOOC 平台录制了“数据库原理与应用”课程，在人邮教育平台发布了大量有关数据库课程教学的配套资源。这些资源对指导数据库课程教学、夯实学生数据库相关知识以及提高学生的数据库操作、管理和设计能力具有重要意义，但现有教材和 MOOC 平台提供的各类资源较为零散，缺乏满足教学或自学要求的指导书。

为整合现有优质数据库课程教学资源，团队以新工科背景下培养学生胜任“数据库应用场景”理念为导向，面向高校教师、学生、社会从业人员，重构数据库课程教学资源，形成以知识导图、核心知识点讲解、典型习题练习和实验任务为主要内容，涵盖理论教学、实验教学，适用于线下、线上和混合教学的《数据库原理及应用学习指导与上机实验（MySQL 版）》。本书将配套《数据库原理及应用教程（MySQL 版）（微课版）》，形成以数据库技术应用场景为主线，针对不同受众，强化有关数据库操作、管理运维、设计和编程的知识、能力、素养的重要载体。

• 写作背景

本书团队于 2003 年从事行业类院校计算机类和非计算机类专业数据库课程教学改革、教材建设和资源建设工作，连续多次修订并出版了《数据库原理及应用教程（第 4 版）（微课版）》，该教材入选普通高等教育“十一五”国家级规划教材和“十二五”普通高等教育本科国家级规划教材。2021 年，本书编写团队对标国家“自主可控”战略布局，依托“应用场景驱动”的数据库课程教学改革理念，重构和优化原有教材内容，编写并出版《数据库原理及应用教程（MySQL 版）（微课版）》。在上述教材和课程建设中，本书编写团队积累了大量教学资源。本书编写团队围绕前期开展的实验教学改革、实践教学改革、混合式教学改革等工作，为更好发挥优质教学资源对巩固和加强培养质量的作用，以《数据库原理及应用教程（MySQL 版）（微课版）》内容为主线，从知识导图、核心知识点、典型习题、实验任务、习题解答和实验任务解答等角度，编写了配套的《数据库原理及应用学习指导与上机实验（MySQL 版）》。

• 本书内容

本书共 17 章内容，以《数据库原理及应用教程（MySQL 版）（微课版）》（以下简称“教材”）内容为主，兼顾《数据库原理及应用教程（第 4 版）（微课版）》内容。本书具体内容如下。

第 1 章和第 2 章介绍了数据库系统概念篇配套的知识导图、典型习题、习题解答等内容；

第 3 章到第 6 章介绍了数据库操作篇配套的知识导图、核心知识点、典型习题、实验任务、习题解答和实验任务解答等内容；

第 7 章到第 10 章介绍了数据库优化和管理篇配套的知识导图、核心知识点、典型习题、实验任务、习题解答和实验任务解答等内容；

第 11 章到第 14 章介绍了数据库设计篇配套的知识导图、核心知识点、典型习题、实验任务、习题解答和实验任务解答等内容；

第 15 章到第 17 章介绍了数据库高级编程篇配套的知识导图、核心知识点、典型习题、实验任务、习题解答和实验任务解答等内容。

• 本书特色

1. **对标新工科人才培养需要。**本书立足新工科背景下复合型、应用型人才培养需要，打造面向“数据库技术应用场景”的指导书，使学生“学懂、弄通、做实”数据库知识、技术和解决方案。

2. **构建全域型数据库教学辅助资源。**本书构建了涵盖知识梳理、知识巩固和实验训练等类别的教学辅导材料，与教材和课程共振，强化读者的数据库知识、能力和素养。

3. **国家级一流本科课程建设成果。**本书编写团队在中国大学 MOOC 平台建设的“数据库原理与应用”课程在使用中得到了专家、高校师生和社会使用者的广泛认可，被评为国家级一流本科课程。本书是在该课程配套资源的基础上，经系统重构和凝练形成的。

• 使用指南

本书可作为一般数据库课程教学的配套辅导用书，也可供自学、复习和巩固数据库知识的读者使用，具体使用建议如下。

1. 一般教学辅导使用

针对**一般线下教学场景**，本书可作为学生预习课程、复习内容和巩固强化知识及提升实践能力的参考资料。

针对**线上线下混合式教学场景**，本书中的知识导图和核心知识点等内容，可作为教学的辅助环节，指导学生更有针对性地学习。

2. 自学、复习和巩固知识使用

针对**自学场景**，本书可辅助 MOOC 教学，帮助自学者更为系统地了解、掌握数据库核心应用场景的关键概念、原理和模型，进而更为扎实地掌握相关应用场景的操作、设计、管理和编程技术，提升自学效果和质量。

针对**复习和巩固场景**，本书可作为读者准备各类数据库考试的学习指导材料，帮助读者快速建立数据库核心知识点间的关系，高效贯通核心技术的使用场景及常见问题的解决方案。

本书在编写过程中，参考了大量本书编写团队已构建的优质线上、线下教学资源和已出版的优秀数据库类教学辅导用书及相关的网络资料，对相关的内容进行了系统梳理，有选择性地把一些重要或实用的知识纳入本书。由于笔者能力有限，书中难免存在不足之处，希望广大读者不吝赐教。

陈志泊
北京林业大学信息学院
2023 年 7 月

CONTENTS 目录

目录 CONTENTS

第 1 章 数据库系统概述

本章知识导图

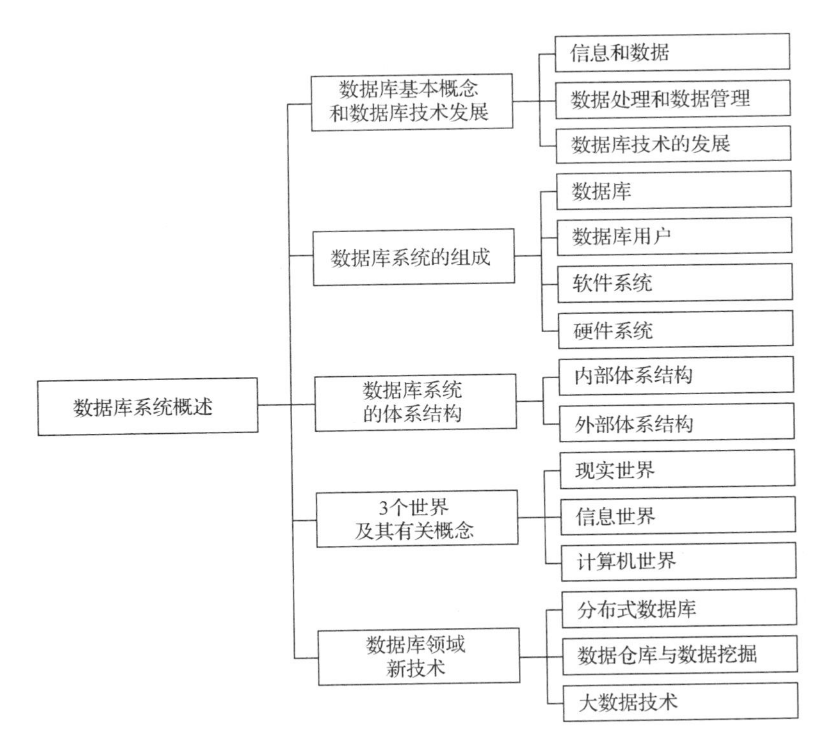

学习目标

- 理解数据库基本概念。
- 理解数据库技术的发展阶段以及每个阶段的特点。
- 掌握数据库系统的组成。

- 掌握现实世界、信息世界、计算机世界及其有关概念。
- 了解数据库领域新技术。

重难点

【重点】
- 信息和数据的概念。
- 数据库系统发展阶段的特点。
- 数据库系统的组成，特别是其中的核心软件——数据库管理系统的主要功能。
- 信息世界的有关概念。
- 计算机世界的有关概念。

【难点】
- 掌握三级模式的概念和功能。
- 掌握二级映像的概念和功能。

1.1 核心知识点

1.1.1 数据库基本概念和数据库技术发展

1. 数据库基本概念

（1）信息和数据

信息是人脑对现实世界事物的存在方式、运动状态及事物之间联系的抽象反映。

数据是用来记录信息的可识别的符号组合，是信息的具体表现形式。

信息与数据的联系为“信息=数据+语义”。

（2）数据处理和数据管理

数据处理是将数据转换成信息的过程，包括对数据的收集、管理、加工乃至信息输出等一系列活动。

数据管理是数据处理过程中必不可少的环节，包括数据的分类、组织、编码、存储、维护、检索等操作。

2. 数据库技术的发展

数据库技术的发展可分为3个阶段：人工管理阶段、文件系统阶段和数据库系统阶段。其中，数据库系统阶段对数据的处理和管理要优于前两个阶段。

1.1.2 数据库系统的组成

数据库系统由数据库、数据库用户、软件系统和硬件系统组成。其中，软件系统中的数据库管理系统（DataBase Management System，DBMS）是数据库系统的核心软件，其可借助操作系统对数据库进行存取、维护和管理。数据库管理系统具有数据定义、数据操纵、数据库运行管理功能，以及数据库的建立和维护功能。

1.1.3 数据库系统的体系结构

1. 数据库系统的内部体系结构

（1）三级模式结构

三级模式包括外模式、模式和内模式。

外模式又称为子模式或用户模式，处于三级模式结构的最外层，是保证数据库安全的有力措施。一个数据库可以有多个外模式。

模式又称为概念模式，处于三级模式结构的中间层，与应用程序和物理存储无关，是数据库的整体逻辑，是对现实世界的抽象。一个数据库只有一个模式。

内模式又称为物理模式，处于三级模式结构的最内层，与实际存储数据方式有关。一个数据库只有一个内模式。

（2）二级映像

外模式/模式映像可以有多个，用于保证数据与应用程序间的逻辑独立性。

模式/内模式映像只有一个，用于保证数据的物理独立性。

2. 数据库系统的外部体系结构

从最终用户角度来看，数据库系统的外部体系结构分为单用户结构、主从式结构、分布式结构、客户机/服务器结构和浏览器/服务器结构。

1.1.4 现实世界、信息世界、计算机世界及有关概念

1. 现实世界

现实世界中存在各种事物及联系。

2. 信息世界

信息世界是对现实世界的分析、归纳和抽象。

信息世界中实体型之间的联系包括一对一联系、一对多联系和多对多联系。

3. 计算机世界

计算机世界是信息世界中信息的数据化，使信息便于存储在计算机中并由计算机进行识别和处理。

计算机世界中常用的数据模型包括层次模型、网状模型、关系模型、面向对象模型等。其中，关系模型是最为常用的数据模型，其数据结构是规范化的二维表，数据操作主要包括查询、插入、删除和修改数据。关系模型只需用户指出“干什么”，不必详细说明“怎么干”，提高了用户操作效率。

1.1.5 数据库领域新技术

常用的数据库领域新技术包括分布式数据库、数据仓库与数据挖掘和大数据技术等。新的数据库技术提高了数据库的功能、性能，并使数据库的应用领域得到了极大的扩展。

1.2 典型习题

一、选择题

1. 关于数据处理和数据管理，以下选项正确的是（　　）。
   A. 数据处理是数据管理过程中必不可少的环节
   B. 数据管理是数据处理过程中必不可少的环节
   C. 数据处理和数据管理是两个不相关的过程
   D. 以上选项都是正确的
2. 一个数据库的外模式（　　）。
   A. 只能有一个　　B. 可以有多个　　C. 至多有一个　　D. 以上都不对
3. 为了保证数据的逻辑独立性，需要修改的是（　　）。
   A. 模式　　B. 模式与内模式之间的映射
   C. 外模式　　D. 外模式与模式之间的映射
4. 数据库系统的外部体系结构中，浏览器/服务器结构是（　　）。
   A. 一层结构　　B. 二层结构　　C. 三层结构　　D. 四层结构
5. 关于3个世界有关概念，以下选项正确的是（　　）。
   A. 现实世界的事物总体对应信息世界的实体
   B. 信息世界的属性对应计算机世界的记录
   C. 信息世界的实体集对应计算机世界的文件
   D. 现实世界的特征对应计算机世界的记录
6. 关于计算机世界的数据模型，以下选项正确的是（　　）。
   A. 层次模型结构复杂，查询效率低
   B. 网状模型可以表现实体间的多种复杂联系，存储效率高
   C. 关系模型的查询效率高于层次模型和网状模型
   D. 面向对象模型不能较好地描述现实世界的数据结构

二、填空题

1. 数据库用户包括最终用户、应用程序员和________________。

2. 数据库的二级映像中，____________保证了数据的全局逻辑结构与存储结构之间的物理独立性。

3. 一个系可以有多个学生，一个学生只属于一个系，则系和学生之间的联系类型是____________。

4. 大数据的4V特性是数据量大、数据类型繁多、___________和数据价值密度低。

5. 分布式数据库是一组结构化的数据集合，数据在逻辑上属于同一系统，在______上分布在计算机网络的不同节点上。

三、简答题

1. 请简述数据库的二级映像功能，并举例说明。
2. 请简述两个实体型之间的联系类型，并举例说明。

1.3 习题解答

1.3.1 教材习题解答

一、选择题

1. A。数据是信息的符号表示，信息是对数据的语义解释。信息包括数据和语义。

2. A。A 选项，内模式是对数据库存储结构的描述；B 选项和 C 选项是同一个概念，模式又称为概念模式，是数据库中全体数据的逻辑结构和特征的描述，与具体的应用程序无关，也与实际存储无关；D 选项，外模式是与某一应用程序有关的数据的逻辑结构。

3. B。以教材中表 1-2 的学生关系为例，数据项之间存在联系，sno 的值决定其他属性的值，例如，如果 sno 为 s1，则与之相关的学生的其他属性的值也被确定。以教材中表 1-2 的学生关系和表 1-3 的课程关系为例，学生记录和课程记录之间存在选课联系。

4. B。数据库管理系统是数据库系统的核心软件，其可借助操作系统对数据库进行存取、维护和管理。

5. D。一个数据库中，根据应用程序不同，可以有多个外模式，每一个外模式和模式会有一个对应的外模式/模式映像，所以外模式/模式映像可以有多个。

6. B。物理独立性是指当数据的实际存储结构发生变化（如更换了磁盘）时，不影响数据的全局逻辑结构，这是由模式/内模式映像来处理的。

7. B。一个宿舍可以有多位学生，一位学生只能入住一个宿舍，所以，宿舍和学生之间是一对多联系。

8. A。内模式与数据的实际物理存储有关，数据库是以文件的形式存储在磁盘上的，如果硬件环境确定了，与之相关的物理存储也就确定了，所以内模式只能有一个。

9. D。D 选项，面向主题模型不是数据库系统的数据模型。面向主题模型与数据仓库有关。

10. C。性别是属性。

二、填空题

1. 人工管理阶段；文件系统阶段；数据库系统阶段。

2. 模式。

3. 外模式/模式映像。

4. 单用户结构；主从式结构；分布式结构；客户机/服务器结构；浏览器/服务器结构。

5. 网状模型。

6. 多对多联系。

7. 数据库；数据库用户；计算机硬件系统；计算机软件系统。

三、简答题

1. 数据库系统阶段数据管理的特点如下。

（1）结构化的数据及其联系的集合。

数据库系统将数据按一定的结构形式（即数据模型）组织到数据库中，不仅考虑了某个应用程序的数据结构，而且考虑了整个组织（即多个应用程序）的数据结构。

（2）数据共享性高、冗余度低。

数据库系统全盘考虑所有用户的数据需求，面向整个应用系统，所有用户的数据都包含在数据库中。因此，不同用户、不同应用可同时存取数据库中的数据，每个用户或应用程序只使用数据库中的一部分数据，同一数据可供多个用户或应用程序共享，从而减少了不必要的数据冗余，节约了存储空间，同时也避免了数据之间的不相容性与不一致性，即避免了同一数据在数据库中重复出现且具有不同值的现象。

（3）数据独立性高。

在数据库系统中，整个数据库的结构可分成三级：用户逻辑结构、数据库逻辑结构和物理结构。数据独立性分为两级：物理独立性和逻辑独立性。

（4）有统一的数据管理和控制功能。

数据通过数据库管理系统进行管理和控制。

2. 数据库管理系统可借助操作系统对数据库的数据进行存取、维护和管理。数据库系统的各类人员、应用程序等对数据库的各种操作请求，都必须通过数据库管理系统来完成。

数据库管理系统的主要功能包括：数据定义功能，数据操纵功能，数据库运行管理功能，数据库的建立和维护功能，数据通信接口及数据组织、存储和管理功能。

3. 数据库的三级模式结构如下。

外模式、模式和内模式分别对应用户级、概念级和物理级，它们反映了看待数据库的 3 个角度。

模式也称为概念模式，是数据库中全体数据的逻辑结构和特征的描述，处于三级模式结构的中间层，不涉及数据的物理存储细节和硬件环境，与具体的应用程序、所使用的应用开发工具及高级程序设计语言无关。一个数据库只有一个模式。

外模式又称为子模式或用户模式，处于三级模式结构的最外层，是与某一应用程序有关的数据的逻辑结构，即用户视图。外模式一般是模式的子集，一个数据库可以有多个外模式。

内模式又称为存储模式或物理模式，处于三级模式结构中的最内层，也是靠近物理存储的一层，即与实际存储数据方式有关的一层。它是对数据库存储结构的描述，是数据在数据库内部的表示方式。一个数据库只有一个内模式。

三级模式的优点如下。

（1）保证数据的独立性。将模式和内模式分开，保证了数据的物理独立性；将外模式和模式分开，保证了数据的逻辑独立性。

（2）简化了用户接口。用户按照外模式编写应用程序或输入命令，而不需要了解数据库内部的存储结构，方便用户使用系统。

（3）有利于数据共享。在不同的外模式下可由多个用户共享系统中的数据，减少了数据冗余。

（4）有利于数据的安全保密。用户在外模式下根据要求进行操作，只能对限定的数据操作，保证了其他数据的安全。

4. 分布式数据库是分布式网络技术与数据库技术相结合的产物，数据在物理上是分布的，数据不集中存放在一台服务器上，而是分布在不同地域的服务器上；所有数据在逻辑上是一个整体；用户不关心数据的分布存储，也不关心物理数据的具体分布，完全由网络数据库在分布式文件系统的支持下完成。

分布式数据库的优点是可以利用多台服务器并发地处理数据，从而提高计算型数据处理任务的效率。

5. 3个世界是指现实世界、信息世界和计算机世界。

现实世界，即客观存在的世界。其中存在各种事物及它们之间的联系，每个事物都有自己的特征或性质。信息世界是现实世界在人们头脑中的反映，经过人脑的分析、归纳和抽象，形成信息，人们把这些信息进行记录、整理、归类和格式化后，就构成了信息世界。计算机世界是信息世界中信息的数据化，就是将信息用字符和数值等数据表示，以便于存储在计算机中并由计算机进行识别和处理。

1.3.2 典型习题解答

一、选择题

1. B。数据处理是将数据转换成信息的过程，包括对数据的收集、管理、加工利用乃至信息输出等一系列活动。在数据处理中，数据管理过程比较复杂，主要包括数据的分类、组织、编码、存储、维护、检索等操作。数据管理是与数据处理相关的必不可少的环节。

2. B。外模式又称为子模式或用户模式，处于三级模式结构的最外层，是与某一应用有关的数据的逻辑结构，即用户视图。外模式一般是模式的子集，一个数据库可以有多个外模式。由于不同用户的需求可能不同，因此，不同用户对应的外模式的描述也可能不同。

3. D。外模式/模式映像确定了数据的局部逻辑结构与全局逻辑结构之间的对应关系。例如，在学生的逻辑结构（学号，姓名，性别）中添加新的属性“出生日期”时，学生的逻辑结构变为（学号，姓名，性别，出生日期），由数据库管理员对各个外模式/模式映像做相应改变，这一映像功能保证了数据的局部逻辑结构不变（即外模式保持不变）。由于应用程序是依据数据的局部逻辑结构编写的，所以应用程序不必修改，从而保证了数据与应用程序间的逻辑独立性。

4. C。浏览器/服务器模式又称为瘦客户机（Thin Client）模式，是一种三层结构。客户端仅安装通用的浏览器软件，实现用户的输入/输出，而应用程序不安装在客户端，而是安装在介于客户端和数据库服务器之间的另外一个称为应用服务器的服务器端，即将客户端运行的应用程序转移到应用服务器上，这样，应用服务器充当了客户端和数据库服务器的中介，架起了用户界面与数据库之间的桥梁。

5. C。A选项，现实世界的事物总体对应信息世界的不是实体，而是实体集；B选项，信息世界的属性对应计算机世界的不是记录，而是字段；C选项是正确的，信息世界的实体集对应计算机世界的文件；D选项，现实世界的特征对应计算机世界的不是记录，而是字段。

6. B。A选项，层次模型结构简单，查询效率高；B选项是正确的，网状模型可以表现实体间的多种复杂联系，存储效率高；C选项，关系模型的查询效率低于层次模型和网状模型；D选项，面向对象模型能完整地描述现实世界的数据结构。

二、填空题

1. 数据库管理员。

2. 模式/内模式映像。

3. 一对多联系。

4. 数据处理速度快。

5. 物理。

三、简答题

1. 数据库管理系统在三级模式之间提供了二级映像功能，保证了数据库系统中较高的数据独立性，即逻辑独立性与物理独立性。

（1）外模式/模式映像。模式描述的是数据的全局逻辑结构，外模式描述的是数据的局部逻辑结构。数据库中的同一模式可以有任意多个外模式，对于每一个外模式，都存在一个外模式/模式映像。它确定了数据的局部逻辑结构与全局逻辑结构之间的对应关系。由于应用程序是依据数据的局部逻辑结构编写的，所以应用程序不必修改，从而保证了数据与应用程序间的逻辑独立性。

（2）模式/内模式映像。数据库中的模式和内模式都只有一个，所以模式/内模式映像是唯一的。它确定了数据的全局逻辑结构与存储结构之间的对应关系。存储结构变化时，如采用了更先进的磁盘，由数据库管理员对模式/内模式映像做相应变化，使其模式仍保持不变，即把存储结构的变化影响限制在模式之下，这使数据的存储结构和存储方法较高地独立于应用程序，通过映像功能保证数据存储结构的变化不影响数据的全局逻辑结构的改变，从而不必修改应用程序，即确保了数据的物理独立性。

2. 两个实体型之间的联系是指两个不同的实体集间的联系，有如下 3 种类型。

（1）一对一联系（1∶1）。实体集 A 中的一个实体至多与实体集 B 中的一个实体相对应，反之，实体集 B 中的一个实体至多与实体集 A 中的一个实体相对应，则称实体集 A 与实体集 B 为一对一的联系，记作 1∶1。例如，班级与班长、观众与座位、病人与床位之间的联系。

（2）一对多联系（$1:n$）。实体集 A 中的一个实体与实体集 B 中的 n（$n \geqslant 0$）个实体相联系，反之，实体集 B 中的一个实体至多与实体集 A 中的一个实体相联系，记作 $1:n$。例如，班级与学生、公司与职员、省与市之间的联系。

（3）多对多联系（$m:n$）。实体集 A 中的一个实体与实体集 B 中的 n（$n \geqslant 0$）个实体相联系，反之，实体集 B 中的一个实体与实体集 A 中的 m（$m \geqslant 0$）个实体相联系，记作 $m:n$。例如，教师与学生、学生与课程、工厂与产品之间的联系。

第2章 关系数据库

本章知识导图

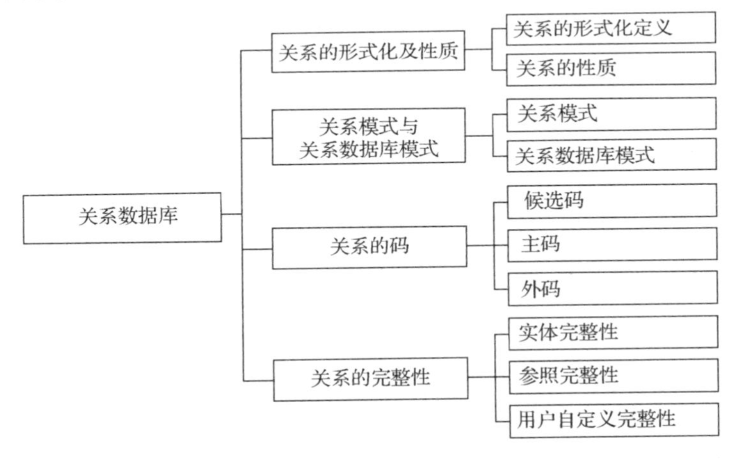

学习目标

- 掌握关系的形式化定义和性质。
- 掌握关系模式与关系数据库模式。
- 掌握关系的码和关系的完整性。

重难点

【重点】

- 关系的形式化定义。
- 关系的性质。
- 关系模式。
- 关系的候选码、主码和外码。

【难点】

- 关系的实体完整性。
- 关系的参照完整性。

2.1 核心知识点

2.1.1 关系及其性质

1. 关系

在数学上，关系是笛卡儿积的任意子集，但在实际应用中，关系是在笛卡儿积中所选取的有意义的子集。

关系可以表示为规范化的二维表，由关系头和关系体组成。关系头（关系框架）由属性名 $A_1,A_2,\cdots,A_n$ 的集合组成，是关系的数据结构的描述，是固定不变的。关系体是指关系结构中的内容或数据，它随元组的插入、删除或修改而变化。

2. 关系的性质

（1）列同质，即每一列中的分量必须来自同一个域（同一数据类型）。

（2）不同的属性可以来自同一个域，但是属性名称必须不同。

（3）列的顺序可以交换。

（4）元组的顺序（行序）可以交换。

（5）不允许有相同的元组。

（6）不能出现“表中有表”的现象，必须是规范化关系。

2.1.2 关系模式与关系数据库模式

1. 关系模式

关系的描述称为关系模式，可以表示为一个五元组 $R（U,D,DOM,F）$。其中，R 为关系名；U 为组成该关系的属性名集合；D 为属性组 U 中属性所来自的域；DOM 为属性向域的映像集合；F 为属性间数据的依赖关系集合。

关系模式通常还可简记为 $R（U）$ 或 $R（A_1,A_2,\cdots,A_n）$。其中，$A_1,A_2,\cdots,A_n$ 为各属性名。关系模式是关系的框架（或称为表框架），是对关系结构的描述，它是静态的、稳定的。

2. 关系数据库模式

在一个给定的应用领域中，所有实体及实体之间的联系所对应的关系的集合构成一个关系数据库。关系数据库也有型和值之分。关系数据库的型称为关系数据库模式，是对关系数据库中各个关系结构（关系头）的描述。关系数据库的值也称为关系数据库，是关系模式在某一时刻对应的关系的集合。

2.1.3 关系的码和关系的完整性

1. 候选码

能唯一标识关系中元组的一个属性或属性集，称为候选码。候选码满足唯一性和最小性。

2. 主码

如果一个关系中有多个候选码，可以从中选择一个作为查询、插入或删除元组的操作变量，被选用的候选码称为主码。每个关系必须选择一个主码，选定以后，不能随意改变。

包含在主码中的各个属性称为主属性，不包含在任何候选码中的属性称为非主属性。

3. 外码

如果关系 R_2 的一个或一组属性 X 不是 R_2 的主码，而是另一关系 R_1 的主码，则该属性或属性组 X 称为关系 R_2 的外码。关系 R_2 为参照关系，关系 R_1 为被参照关系。被参照关系的主码和参照关系的外码必须定义在同一个域上。

4. 关系的完整性

关系模型中，有3类完整性约束，即实体完整性、参照完整性和用户自定义完整性。其中，实体完整性和参照完整性是关系模型必须满足的完整性约束条件，被称作关系的两个不变性。

实体完整性是指主码的值不能为空或部分为空。参照完整性是指外码的值要和被参照关系中对应的主码在同一个域上。用户自定义完整性是针对某一具体的关系数据库的约束条件，它反映某一具体应用所涉及的数据必须满足的语义要求。

2.2 典型习题

一、选择题

1. 关于关系的性质，以下选项正确的是（　　）。

A. 关系中列的顺序不能交换
B. 关系中允许出现相同的元组
C. 关系中元组的顺序不能交换
D. 关系中不同的属性可以来自同一个域

2. 以下选项中正确的是（　　）。

A. 主属性是包含在候选码中的属性
B. 非主属性是不包含在主码中的属性
C. 主属性是包含在主码中的属性
D. 非主属性是包含在候选码中的属性

3. 关于实体完整性，以下选项正确的是（　　）。

A. 实体完整性是对主属性的约束
B. 实体完整性是对非主属性的约束
C. 实体完整性是对主码的约束
D. 实体完整性是对外码的约束

4. 关于参照完整性，以下选项正确的是（　　）。

A. 参照完整性是对主属性的约束
B. 参照完整性是对非主属性的约束
C. 参照完整性是对主码的约束
D. 参照完整性是对外码的约束

5. 以下选项中正确的是（　　）。

A. 笛卡儿积是域的子集
B. 笛卡儿积是关系的子集
C. 关系是笛卡儿积的子集
D. 域是笛卡儿积的子集

二、填空题

1. 一个关系模式的形式化（五元组）表示为________________。

2. 关系模型中，有3类完整性约束，包括实体完整性、________________和用户自定义完整性。

3. 关系由关系头和________________组成。

4. 候选码满足唯一性和________________。

5. 设有关系模式为医生（工作证号，姓名，性别，年龄，科室，手机号，身份证号），则该关系模式的候选码是________________，主码是________________，非主属性是________________。

三、简答题

1. 请解释关系模式的形式化（五元组）表示中参数的含义。

2. 请举例说明候选码的性质。

2.3 习题解答

2.3.1 教材习题解答

一、选择题

1. B。一个关系数据库中包含多个关系，如教材中的教学数据库teaching中包含教师关系、学生关系、课程关系、选课关系和授课关系。每个关系都有关系模式（关系头），所有关系的关系模式共同组成关系数据库模式。

2. A。关系是元组的集合，集合中不能有相同的元素，所以同一个关系模型中的任两个元组值不能完全相同。

3. D。针对的应用不同，一个关系可能包含一个或多个候选码，可以从中选择一个作为主码。一个关系也可以包含多个外码，如教材中表1-4的选课关系，其中的sno和cno都是该关系的外码。超码和候选码类似，也是能唯一标识关系中元组的一个属性或属性集，但是超码不满足最小性，所以超码包含候选码。例如，教材中表1-2的学生关系，sno是候选码，能唯一标识元组，sno+sn是sno的超码，也能唯一标识元组，但是它不满足最小性，因为起到唯一标识作用的是sno，不是sn。

4. A。关系中每一个分量必须是不可分的数据项，所以，分量对应的字段也不可再分。

5. D。关系中不同字段的域可以相同，但是字段名不能相同。

二、填空题

1. 同质。

2. 参照完整性。

3. 主码；外码。

4. 关系。

5. 学号，手机号，身份证号；学号；姓名，性别，年龄，专业，院系。

三、简答题

1. 关系模型中有3类完整性约束，即实体完整性、参照完整性和用户自定义完整性。其中，实体完整性和参照完整性是关系模型必须满足的完整性约束条件，被称作关系的两个不变性。任何关系数据库系统都应该支持这两类完整性。除此之外，不同的关系数据库系统由于应用环境的不同，往往还需要一些特殊的约束条件，这就是用户自定义完整性，用户自定义完整性体现了具体领域中的语义约束。

2. 实体完整性是指主码的值不能为空或部分为空。例如，教材表 1-3 的课程关系中，主码 cno 可以唯一标识一门课程实体。如果主码中的值为空或部分为空，即主属性为空，则不符合关系键的定义条件，不能唯一标识元组及与其相对应的实体。例如，课程关系中的主码 cno 不能为空，授课关系中的主码 tno+cno 不能部分为空，即 tno 和 cno 两个字段的取值都不能为空。

参照完整性是指如果关系 R_2 的外码 X 与关系 R_1 的主码相符，则 X 的每个值等于 R_1 中主码的某一个值或取空值。例如，在图 2-1 中，学生关系 s 的字段 dept 与院系关系 d 的主码 dept 相对应，因此，学生关系 s 的字段 dept 是该关系的外码，学生关系 s 是参照关系，院系关系 d 是被参照关系。学生关系中某个学生（如 s1 或 s2）dept 的取值，必须在院系关系的主码 dept 的值中能够找到，否则表示把该学生分配到一个不存在的部门中，显然不符合语义。如果某个学生（如 s9）dept 取空值，则表示该学生尚未分配到任何一个院系；否则，它只能取院系关系中某个元组的院系值。

s（学生关系）

sno 学号	sn 姓名	sex 性别	age 年龄	maj 专业	dept 院系
s1	王彤	女	18	计算机	信息学院
s2	苏乐	女	20	信息	信息学院
s3	林昕	男	19	信息	信息学院
s4	陶然	女	18	自动化	工学院
s5	魏立	男	17	数学	理学院
s6	何欣荣	女	21	计算机	信息学院
s7	赵琳琳	女	19	数学	理学院
s8	李轩	男	19	自动化	工学院
s9	李丽	女	20		

d（院系关系）

dept 院系	Addr 地址
工学院	1号楼
理学院	2号楼
信息学院	1号楼

图 2-1 学生关系与院系关系

3. 在关系模型中，关系具有如下性质。

（1）列是同质的，即每一列中的分量必须来自同一个域，必须是同一类型的数据。

（2）不同的属性可来自同一个域，但不同的属性必须有不同的名字。例如，假设某关系中有两个属性“职业”和“兼职”，它们可以来自同一个域{教师,工人,辅导员}。

（3）列的顺序可以任意交换。但交换时，应连同属性名一起交换，否则将得到不同的关系。

（4）关系中元组的顺序（即行序）可任意，在一个关系中可以任意交换两行的次序。因为关系是以元组为元素的集合，而集合中的元素是无序的，所以作为集合元素的元组也是无序的。

（5）关系中不允许出现相同的元组。因为集合中不能有相同的元素，而关系是元组的集合，所以作为集合元素的元组应该是唯一的。

（6）关系中每一分量必须是不可分的数据项，也就是说，不能出现“表中有表”的现象。满足此条件的关系称为规范化关系，否则称为非规范化关系。

2.3.2 典型习题解答

一、选择题

1. D。关系是笛卡儿积的子集，笛卡儿积是集合，关系也是集合。根据集合的性质，关系中不能出现相同的元组，但是元组的顺序可以交换，元组中分量的顺序，即列的顺序可以交换。关系中不同的属性可以来自同一个域，例如，在一个关系中，其中的两个属性分别是“职业”和“兼职”，它们具有相同的域{教师,工人,辅导员}。

2. C。主属性是包含在主码中的属性，非主属性是不包含在任何候选码中的属性。

3. C。实体完整性是对主码的约束，是指主码的值不能为空或部分为空。

4. D。参照完整性是对外码的约束，是指参照关系中的外码或者等于被参照关系中主码的某一个值，或者取空值。注意，当参照关系中的外码是参照关系中的主属性时，不能取空值。

5. C。域是一组具有相同数据类型的值的集合；笛卡儿积是一组域的积；关系是笛卡儿积的子集。

二、填空题

1. *R*（*U*,*D*,*DOM*,*F*）。
2. 参照完整性。
3. 关系体。
4. 最小性。
5. 工作证号，手机号，身份证号；工作证号；姓名，性别，年龄，科室。

三、简答题

1. 一个关系模式应当是一个五元组 *R*（*U*,*D*,*DOM*,*F*）。其中，*R* 为关系名；*U* 为组成该关系的属性名集合；*D* 为属性组 *U* 中属性所来自的域；*DOM* 为属性向域的映像集合，常常直接说明为属性的类型、长度；*F* 为属性间数据的依赖关系集合。

2. 能唯一标识关系中元组的一个属性或属性集，称为候选码。候选码满足唯一性和最小性。

例如，教材表 1-3（课程关系）中，cno 能唯一标识每一门课程，则属性 cno 是课程关系的候选码。在教材表 1-5（授课关系）中，只有属性的组合 tno+cno 才能唯一区分每一条授课记录，则属性集 tno+cno 是授课关系的候选码。教材表 1-4（选课关系）中，sno+cno 的组合是唯一的，同时，sno+cno 满足最小性，从中去掉任一属性，都无法唯一标识选课记录。

第 3 章

SQL 的基本概念和 MySQL 简介

本章知识导图

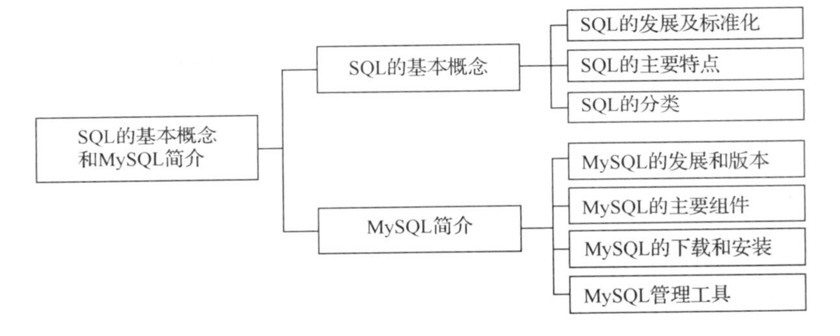

学习目标

- 了解 SQL 和 MySQL 的发展。
- 了解 SQL 的分类。
- 能够安装 MySQL 并能使用常见的 MySQL 应用工具。

重难点

【重点】

- SQL 的主要特点。
- SQL 的分类。
- MySQL 的安装。

【难点】

- SQL 的分类。

3.1 核心知识点

3.1.1 SQL的基本概念

1. SQL的主要特点

SQL是一种一体化、非过程化、面向集合的语言，既是自含式语言，又是嵌入式语言。

2. SQL的4类语言

SQL的4类语言及作用和动词如表3-1所示。

表3-1 SQL的4类语言及作用和动词

SQL语言	作用	动词
数据定义语言	创建和定义数据库对象	CREATE、ALTER、DROP
数据查询语言	查询数据库对象	SELECT
数据操纵语言	处理数据库中的数据	INSERT、UPDATE、DELETE
数据控制语言	修改数据库结构的操作权限	GRANT、REVOKE

3.1.2 MySQL

1. MySQL的安装和配置

（1）启动MySQL安装程序

（2）选择安装类型

（3）进入MySQL产品安装界面，开始安装

（4）进入安装配置界面

（5）选择服务器类型和网络配置

（6）配置认证方式

（7）配置管理员账号和密码

（8）配置实例名称

（9）执行上述配置，使之生效

（10）配置MySQL Router

（11）配置样例数据库

（12）安装样例数据库

（13）结束安装

2. MySQL应用工具

（1）MySQL Workbench

① 启动。通过执行“开始→所有程序→MySQL→MySQL Workbench 8.0 CE”命令，启动MySQL Workbench。

② 使用 MySQL Workbench 连接 MySQL 数据库。启动 MySQL Workbench，在 MySQL Connections 下选择相应连接即可连接到数据库。

（2）MySQL Shell

① 启动。通过执行“开始→所有程序→MySQL→MySQL Shell”命令，启动 MySQL Shell。

② 使用 MySQL Shell 连接 MySQL 数据库，语句如下。

```
MySQL SQL>\connect root@127.0.0.1
Please provide the password for 'root@127.0.0.1': *********
```

其中，root 是安装 MySQL 时设置的用户名；@后是本地 IP，也可以写 localhost；********* 是安装 MySQL 时设置的密码。

③ 在 DOS 窗口中连接 MySQL 数据库，语句如下。

```
mysql -h 主机名(IP) -u 用户名 -P 端口 -p
```

关键参数的含义解析如下。

-h：主机名（IP），表示要连接的数据库的主机名或 IP。

-u：用户名，表示连接数据库的用户名。

-P 端口：表示要连接的数据库的端口，默认是 3306，如果不是默认端口，则必须指明端口号。

-p：表示要连接的数据库的密码。

3.2 典型习题

一、选择题

1. UPDATE 语句属于（　　）语言。

   A. 数据查询　　　　B. 数据操纵

   C. 数据定义　　　　D. 数据控制

2. 下列说法中错误的是（　　）。

   A. SQL 包括数据定义、数据查询、数据操纵和数据控制等方面的功能

   B. 用 SQL 语言进行数据操作，用户需要了解具体的操作过程

   C. 用 SQL 语言进行数据操作，全部工作由系统自动完成

   D. SQL 可嵌入高级语言中使用

3. 下列说法中错误的是（　　）。

   A. 数据定义语言主要用于创建和定义数据库对象

   B. DELETE 语句属于数据操纵语言

   C. DROP 语句属于数据定义语言

   D. 数据操纵语言可以对数据访问权限进行控制

二、填空题

1. 数据查询语言的英文缩写为________________。

2. SQL 中用于从数据库对象中删除数据的语句是________________。

3.3 习题解答

3.3.1 教材习题解答

一、选择题

1. A。SQL 是一种非过程化的语言。

2. B。CREATE 语句属于数据定义语言。

3. C。A 选项，SELECT 语句主要用于对数据库中的各种数据对象进行查询；B 选项，CREATE 语句负责数据库对象的建立；D 选项，UPDATE 语句负责依据给定条件，将数据表中符合条件的数据更新为新值。

4. C。数据定义语言主要包括 CREATE 语句、ALTER 语句和 DROP 语句，可以用于创建数据库对象、修改数据库对象和删除数据库对象等。

5. C。数据定义语言主要包括 CREATE 语句、ALTER 语句和 DROP 语句，可以用于创建数据库对象、修改数据库对象和删除数据库对象等。

二、填空题

1. Structured Query Language。

2. 数据定义语言；数据查询语言；数据操纵语言；数据控制语言。

3.3.2 典型习题解答

一、选择题

1. B。数据操纵语言主要用于处理数据库中的数据，包括 INSERT、UPDATE 和 DELETE 3 个语句。

2. B。用 SQL 语言进行数据操作，只要提出“做什么”，而无须知道“怎么做”，因此用户不需要关心具体的操作过程，也不必了解数据的存取路径，即用户只需要描述清楚“做什么”，SQL 语言就可将要求交给系统，全部工作由系统自动完成。

3. D。数据控制语言可以对数据访问权限进行控制。

二、填空题

1. DQL。

2. DELETE。

第 4 章

数据库的创建和管理

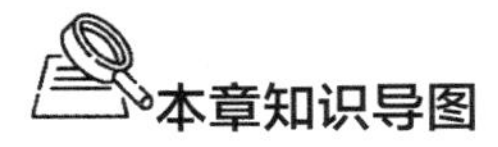

本章知识导图

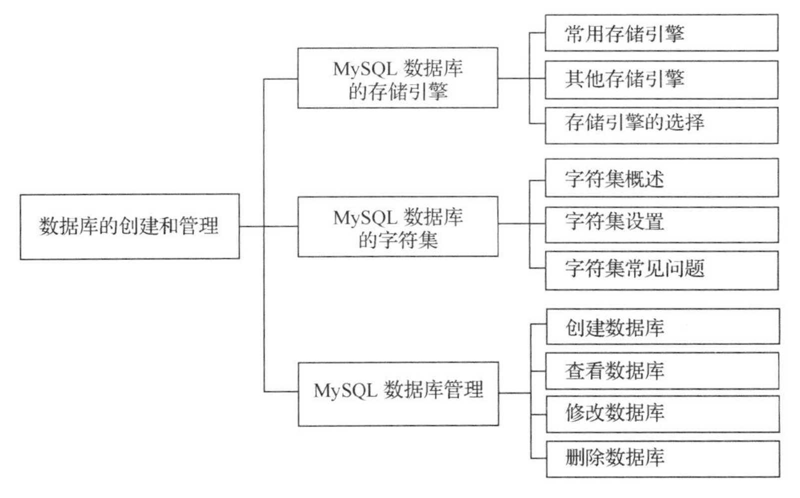

学习目标

- 了解 MySQL 的常用存储引擎及其优缺点。
- 掌握 MySQL 的字符集及其校对规则的查看和设置方法。
- 掌握使用 MySQL 创建、查看、修改和删除数据库的语法格式。

重难点

【重点】

- MySQL 的常用存储引擎。
- MySQL 字符集。
- MySQL 字符集校对规则。

【难点】

- 数据库的创建和管理。

4.1 核心知识点

4.1.1 MySQL 数据库的存储引擎

1. 常用存储引擎

存储引擎是决定如何存储数据库中的数据、如何为数据建立索引、如何更新和查询数据的机制。MySQL 常用的存储引擎有 InnoDB、MyISAM、MEMORY 和 MERGE 等。在实际工作中，用户可以根据应用场景的不同，对各种存储引擎的特点进行对比和分析，选择适合的存储引擎。

2. 查看存储引擎

用户可以查看 MySQL 支持的存储引擎，语法格式如下。

```
SHOW ENGINES;
```

3. 设置默认存储引擎

如果想把其他存储引擎设置为默认存储引擎，可以使用如下命令。

```
SET DEFAULT_STORAGE_ENGINE=存储引擎名;
```

4.1.2 MySQL 数据库的字符集

1. 查看字符集

用户可以通过如下命令查看 MySQL 支持的所有字符集。

```
SHOW CHARACTER SET;
```

用户也可使用系统表 information_schema 中的 CHARACTER_SETS 命令，语法格式如下。

```
use information_schema;
SELECT * FROM CHARACTER_SETS;
```

2. 查看校对规则

很多字符集包含多个校对规则，用户可以通过如下命令可以查看 MySQL 支持的所有校对规则。

```
SHOW COLLATION;
```

用户也可使用系统表 information_schema 中的 COLLATIONS 命令，语法格式如下。

```
USE information_schema;
SELECT * FROM COLLATIONS;
```

如果需要查看某一种特定的字符集的校对规则，如 utf8 字符集的校对规则，可以使用如下命令。

```
SHOW COLLATION WHERE Charset = 'utf8';
```

用户也可使用系统表 information_schema 中的 COLLATIONS 命令，语法格式如下。

```
USE information_schema;
SELECT * FROM COLLATIONS WHERE CHARACTER_SET_NAME = 'utf8';
```

3. MySQL 字符集设置

MySQL 对于字符集的设置分为 4 个级别：服务器（Server）、数据库（DataBase）、数据表（Table）和连接（Connection）。

用户可以查看 MySQL 字符集在各个级别上的默认设置，语法格式如下。

```
SHOW VARIABLES LIKE 'character%';
```

用户也可以单独查看某个特定级别的字符集默认设置。例如，查看服务器级的字符集默认设置的命令如下。

```
SHOW VARIABLES LIKE 'character_set_server';
```

用户可以查看 MySQL 校对规则在各个级别上的默认设置，语法格式如下。

```
SHOW VARIABLES LIKE 'collation%';
```

用户也可以单独查看某个特定级别的字符集默认设置。例如，查看服务器级的字符集默认设置的语法格式如下。

```
SHOW VARIABLES LIKE 'collation_server';
```

4.1.3 MySQL 数据库管理

1. 创建数据库

在 MySQL 中，创建数据库的语法格式如下。

```
CREATE DATABASE | SCHEMA [IF NOT EXISTS] db_name
[ [DEFAULT] CHARACTER SET charset_name]
[ [DEFAULT] COLLATE collation_name];
```

关键参数的说明如下。

① CREATE DATABASE | SCHEMA：创建数据库的命令。在 MySQL 中，SCHEMA 也指数据库。

② IF NOT EXISTS：其作用是若创建的数据库名已经存在，会给出错误信息。创建数据库时，为了避免和已有的数据库重名，可以加上这一判断。

③ db_name：数据库名。

④ [DEFAULT] CHARACTER SET charset_name：为数据库设置的默认字符集，其中 charset_name 可以替换为具体的字符集。

⑤ [DEFAULT] COLLATE collation_name：为数据库的默认字符集设置的默认校对规则。

如果在创建数据库时，省略了上述字符集和校对规则的设置，MySQL 将采用当前服务器在数据库级别上的默认字符集和默认校对规则。

2. 查看数据库

在 MySQL 中，查看数据库的语法格式如下。

```
SHOW CREATE DATABASE db_name;
```

3. 修改数据库

在 MySQL 中，修改数据库的语法格式如下。

```
ALTER DATABASE | SCHEMA db_name
[DEFAULT] CHARACTER SET charset_name
[DEFAULT] COLLATE collation_name;
```

4．删除数据库

在 MySQL 中，删除数据库的语法格式如下。

```
DROP DATABASE [IF EXISTS] db_name;
```

4.2 典型习题

一、选择题

1. 以下关于 InnoDB 存储引擎的描述，正确的是（　　）。
   A. InnoDB 不能提供专门的缓冲池　　B. InnoDB 支持行级锁定
   C. InnoDB 不能支持外键约束　　D. 以上都是正确的
2. 以下关于 MyISAM 存储引擎的描述，正确的是（　　）。
   A. MyISAM 支持事务处理　　B. MyISAM 不提供专门的缓冲池
   C. MyISAM 插入数据的速度慢　　D. 以上都是正确的
3. 以下关于 MEMORY 存储引擎的描述，正确的是（　　）。
   A. MEMORY 类型的表中的数据存储在内存中
   B. MEMORY 类型适用于长久存放数据的临时表
   C. 每个 MEMORY 类型的表对应多个文件
   D. 以上都是正确的
4. 以下选项中，正确的是（　　）。
   A. “utf8_general_ci”结尾的“ci”表示大小写敏感
   B. “utf8_general_cs”结尾的“cs”表示大小写不敏感
   C. “utf8_general_bin”结尾的“bin”表示按编码值比较
   D. 以上都是错误的
5. 假设已有数据库 teaching，删除它的正确语句为（　　）。
   A. DROP IF EXISTS teaching;
   B. DELETE DATABASE IF EXISTS teaching;
   C. DELETE IF EXISTS teaching;
   D. DROP DATABASE IF EXISTS teaching;

二、填空题

1. 每个 MEMORY 类型的表对应一个文件，其主文件名与表名相同，扩展名为________________。

2. MySQL 对于字符集的设置分为 4 个级别，包括服务器、数据库、________________和连接。

3. 查看 MySQL 字符集在各个级别上的默认设置，应使用的命令是________________。

4. 查看 MySQL 校对规则在各个级别上的默认设置，应使用的命令是________________。

5. InnoDB 是事务型数据库的首选引擎，具有提交、________________和崩溃修复能力。

三、简答题

1. 请简述 InnoDB 存储引擎的特点。
2. 请简述 MySQL 字符集的常见问题。

4.3 实验任务

一、实验目的

掌握在 MySQL 中使用 MySQL Workbench 或 SQL 语句创建数据库的方法。

掌握在 MySQL 中使用 MySQL Workbench 或 SQL 语句查看、修改、删除数据库的方法。

二、实验内容

1. 在 MySQL 中使用 MySQL Workbench 创建、查看、修改、删除数据库，数据库的名称自定。

（1）使用 MySQL Workbench 创建数据库，请给出重要步骤的截图。

（2）使用 MySQL Workbench 查看数据库，请给出重要步骤的截图。

（3）根据需要，使用 MySQL Workbench 修改数据库，请给出重要步骤的截图。

（4）使用 MySQL Workbench 删除数据库，请给出重要步骤的截图。

2. 在 MySQL 中使用 SQL 语句创建、查看、修改数据库，数据库的名称自定。

（1）使用 SQL 语句创建数据库，请给出 SQL 语句。

（2）使用 SQL 语句查看数据库，请给出 SQL 语句。

（3）根据需要，使用 SQL 语句修改数据库，请给出 SQL 语句。

4.4 习题解答

4.4.1 教材习题解答

一、选择题

1. A。SQL Server 数据库管理系统中只有一种存储引擎，所有数据存储管理机制都是一样的。

2. C。MySQL 数据库管理系统提供了多种存储引擎，用户可以根据不同的需求为数据表选择不同的存储引擎。

3. C。一个字符集对应至少一种校对规则（通常是一对多的关系），两个不同的字符集不能有相同的校对规则，而且，每个字符集都设置默认的校对规则。

4. C。MySQL 数据库管理系统创建数据库的命令为 CREATE DATABASE | SCHEMA [IF NOT EXISTS] db_name。其中，CREATE 和数据库名称之间要有 DATABASE 或 SCHEMA。

二、填空题

1. SHOW ENGINES;。

2. MySQL。

3. .frm；.myd；.myi。

4. 内存。

5. 校对规则。

6. SHOW CHARACTER SET;。
7. SHOW COLLATION;。
8. CREATE。
9. SHOW。
10. ALTER。
11. DROP。

三、简答题

1. 存储引擎是决定如何存储数据库中的数据、如何为数据建立索引、如何更新和查询数据的机制。由于关系数据库中数据是以关系表的形式存储的，所以存储引擎也称为表类型。

2. MySQL 5.5 之后，InnoDB 是 MySQL 的默认存储引擎。InnoDB 是事务型数据库的首选引擎，具有提交、回滚和崩溃修复能力。InnoDB 提供专门的缓冲池，支持行级锁定，支持外键约束，将表和索引存储在一个表空间中，表空间可以包含多个文件（或原始磁盘分区），表可以是任何尺寸。

MySQL 5.5 之前，MyISAM 是 MySQL 的默认存储引擎。MyISAM 不支持事务处理，也不支持外键约束。但是，MyISAM 具有较高的查询速度，插入数据的速度也很快，是在 Web、数据仓储等应用环境中最常使用的存储引擎。

与 InnoDB 和 MyISAM 不同，MEMORY 类型的表中的数据存储在内存中，如果数据库重启或发生崩溃，表中的数据都将消失。MEMORY 类型适用于暂时存放数据的临时表、统计操作的中间表，以及数据仓库中的维度表。

3. 在实际工作中，用户可以根据应用场景的不同，对各种存储引擎的特点进行对比和分析，选择适合的存储引擎。此外，用户还可以根据实际情况对不同的数据表选用不同的存储引擎。

如果实际应用需要进行事务处理，在并发操作时要求保持数据的一致性，而且除了查询和插入操作，还经常要进行更新和删除操作，这种情况可以选择 InnoDB，这样可以有效降低更新和删除操作导致的锁定，并且可以确保事务的完整性提交和回滚。

如果实际应用不需要进行事务处理，以查询和插入操作为主，更新和删除操作较少，并且对事务的完整性和并发性要求不是很高，则可以选择 MyISAM。

如果实际应用不需要进行事务处理，需要很快的读写速度，并且对数据的安全性要求较低，则可以选择 MEMOEY。它对表的大小有要求，不能建立太大的表。所以，MEMORY 适用于创建相对较小的数据表。

综上，选择什么类型的存储引擎需要根据具体应用灵活选择。此外，用户可以为同一个数据库中的不同数据表选择合适的存储引擎，以满足各自的应用性能和实际需求。总之，使用合适的存储引擎，将会提高整个数据库的性能。

4. 针对数据的存储，MySQL 提供了多种字符集；针对同一字符集内字符之间的比较，MySQL 提供了与之对应的多种校对规则。其中，一个字符集对应至少一种校对规则（通常是一对多的关系），两个不同的字符集不能有相同的校对规则，而且，每个字符集都设置默认的校对规则。

4.4.2 典型习题解答

一、选择题

1. B。InnoDB 提供专门的缓冲池，它是针对处理巨大数据量时的最大性能设计；InnoDB 支持行级锁定，行级锁定机制是通过索引来完成的；InnoDB 支持外键约束，是 MySQL 上第一个提供外键约束的存储引擎。

2. B。MyISAM 不支持事务处理，没有事务记录，所以遇到系统崩溃或非预期结束所造成的数据错误时，必须完整扫描后才能重新建立索引或修正未写入硬盘的错误；MyISAM 不提供专门的缓冲池，必须依靠操作系统来管理读取与写入的缓存；MyISAM 具有较高的查询速度，插入数据的速度也很快。

3. A。MEMORY 类型的表中的数据存储在内存中，如果数据库重启或发生崩溃，表中的数据都将消失；MEMORY 类型适用于暂时存放数据的临时表、统计操作的中间表，以及数据仓库中的维度表；每个 MEMORY 类型的表对应一个文件，其主文件名与表名相同，扩展名为“.frm”。

4. C。“utf8_general_ci”是 utf8 字符集的默认校对规则。“utf8_general_ci”结尾的“ci”表示大小写不敏感；如果是“cs”，则表示大小写敏感；如果是“bin”，则表示按编码值比较。

5. D。删除数据库是指在数据库系统中删除已经存在的数据库，删除成功之后，原来分配的空间将被收回。删除数据库的语法格式为“DROP DATABASE [IF EXISTS] db_name;”。

二、填空题

1. .frm。
2. 数据表。
3. SHOW VARIABLES LIKE 'character%';。
4. SHOW VARIABLES LIKE 'collation%';。
5. 回滚。

三、简答题

1. MySQL 5.5 之后，InnoDB 是 MySQL 的默认存储引擎。InnoDB 是事务型数据库的首选引擎，具有提交、回滚和崩溃修复能力。

InnoDB 提供专门的缓冲池，它是针对处理巨大数据量时的最大性能设计。缓冲池既能缓冲索引又能缓冲数据，常用的数据可以直接从内存中处理，比从磁盘获取数据处理速度要快。InnoDB 支持行级锁定，行级锁定机制是通过索引来完成的，由于在数据库中大部分的 SQL 语句都要使用索引来检索数据，行级锁定机制也为 InnoDB 在承受高并发压力的环境下增强了不小的竞争力。InnoDB 支持外键约束，是 MySQL 上第一个提供外键约束的存储引擎。InnoDB 检查外键、插入、更新和删除，以确保数据的完整性。存储表中的数据时，每张表的存储都按主键顺序存放，如果没有显式地在表定义时指定主键，InnoDB 会为每一行生成一个 6 字节的 ROWID，并以此作为主键。InnoDB 存储引擎将表和索引存储在一个表空间中，表空间可以包含多个文件（或原始磁盘分区）。InnoDB 表可以是任何大小。

2. 在数据库系统开发中，MySQL 乱码一直是困扰开发者的主要问题。主要表现如下。

（1）数据录入时为正常编码数据，但存入数据库后呈现乱码形态。

（2）数据库中存储的是正常编码的数据，但读取后的数据呈现乱码形态。

从数据流向的角度分析，出现上述乱码问题的主要原因如下。

（1）数据输入端问题。在终端对用户录入的数据进行编码时，如果选择了与数据存储端不同的编码方式，则在传输后对数据进行解码时易导致数据出现乱码。

（2）网络问题。对于在线运行的数据库系统，可能因网络服务中断、网络服务质量不可靠等原因，出现数据接收不完整等现象，导致数据库中存储了编码不完整的数据。

（3）数据存储端问题。数据存储端主要是运行在服务器或者本地系统中的数据库。数据库存储的编码涉及多个层面，主要包括连接数据库层面的编码、数据库管理系统的默认编码、数据库层面的编码、数据表层面的编码等，各层编码规则的继承和覆盖是层层嵌套的。

4.5 实验任务解答

一、实验目的

掌握在 MySQL 中使用 MySQL Workbench 或 SQL 语句创建数据库的方法。

掌握在 MySQL 中使用 MySQL Workbench 或 SQL 语句查看、修改、删除数据库的方法。

二、实验内容

1. 在 MySQL 中使用 MySQL Workbench 创建、查看、修改、删除数据库，数据库的名称自定。

（1）使用 MySQL Workbench 创建数据库，请给出重要步骤的截图。

① 在“Navigator”选项卡中右击，在弹出的快捷菜单中选中“Create Schema…”选项并单击打开，如图 4-1 所示。

图 4-1 “Navigator”选项卡

② 在右侧选项卡中，输入数据库名“education_lab”，如图 4-2 所示。单击“Apply”按钮提交创建数据库的请求。

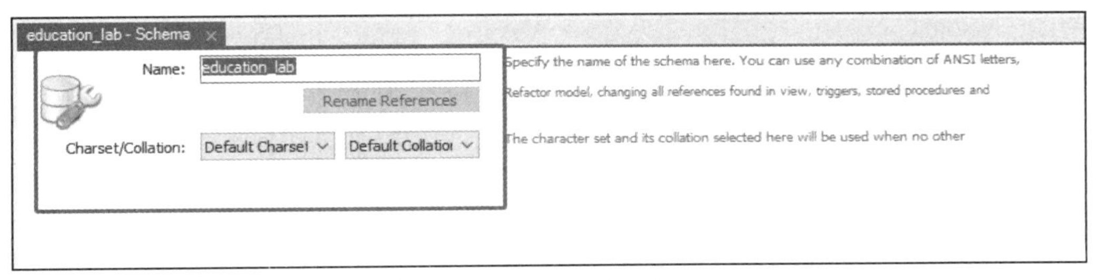

图 4-2　创建数据库

（2）使用 MySQL Workbench 查看数据库，请给出重要步骤的截图。

在“Navigator”选项卡中选中要查看的数据库“education_lab”并右击，如图 4-3 所示，在弹出的快捷菜单中选择“Schema Inspector”选项并单击打开，查看数据库。

（3）根据需要，使用 MySQL Workbench 修改数据库，请给出重要步骤的截图。

① 在“Navigator”选项卡中选中待修改的数据库“education_lab”并右击，在弹出的快捷菜单中选中“Alter Schema…”选项并单击打开，如图 4-4 所示。

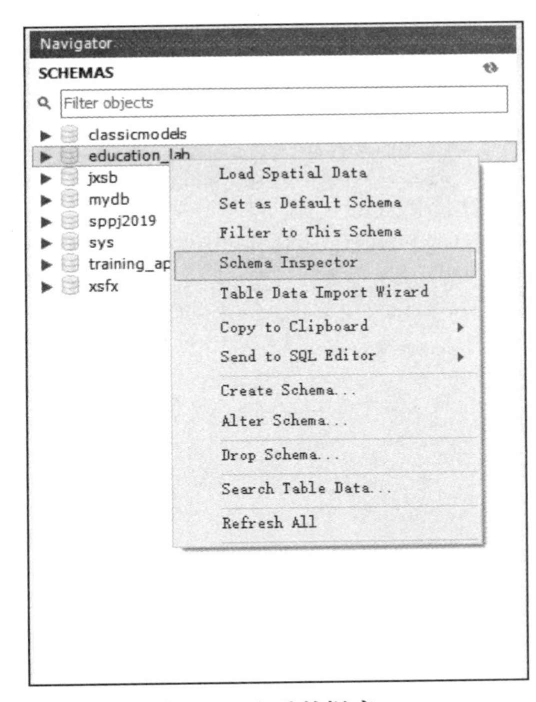

图 4-3　查看数据库

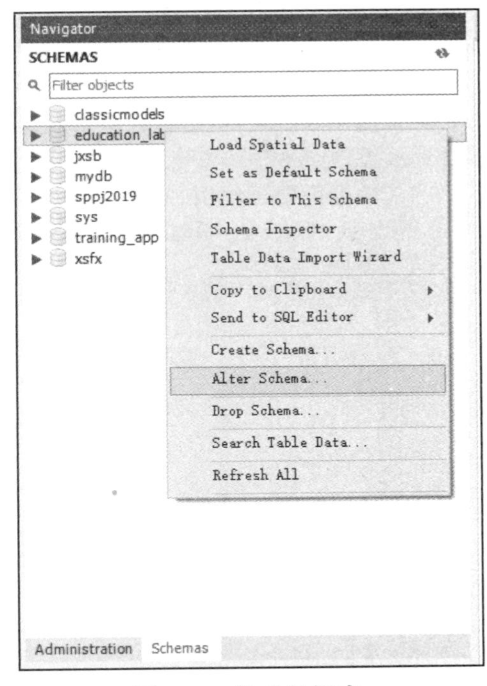

图 4-4　修改数据库

② 在右侧选项卡中修改数据库的字符集等信息，修改后，单击“Apply”按钮确认。

（4）使用 MySQL Workbench 删除数据库，请给出重要步骤的截图。

在“Navigator”选项卡中选中要删除的数据库“education_lab”并右击，如图 4-5 所示，在弹出的快捷菜单中选中“Drop Schema…”选项删除数据库。在弹出的确认窗口中，选择“Drop Now”选项，确认删除数据库。

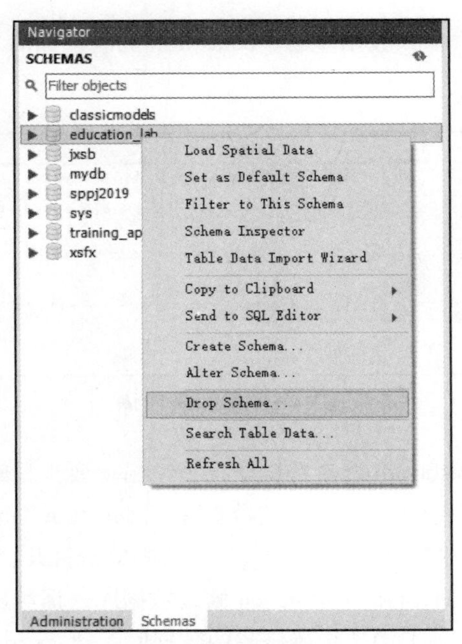

图 4-5　删除数据库

2. 在 MySQL 中使用 SQL 语句创建、查看、修改数据库，数据库的名称自定。

（1）使用 SQL 语句创建数据库，请给出 SQL 代码。

```
CREATE DATABASE education_lab;
```

（2）使用 SQL 语句查看数据库，请给出 SQL 代码。

```
SHOW DATABASES;
```

（3）根据需要，使用 SQL 语句修改数据库，请给出 SQL 代码。

```
ALTER SCHEMA education_lab  DEFAULT CHARACTER SET utf8  DEFAULT COLLATE utf8_general_ci;
# 在修改数据库时，只能使用 ALTER SCHEMA 修改字符集
```

第 5 章

数据表的管理和表中数据操纵

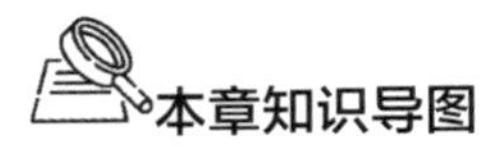

本章知识导图

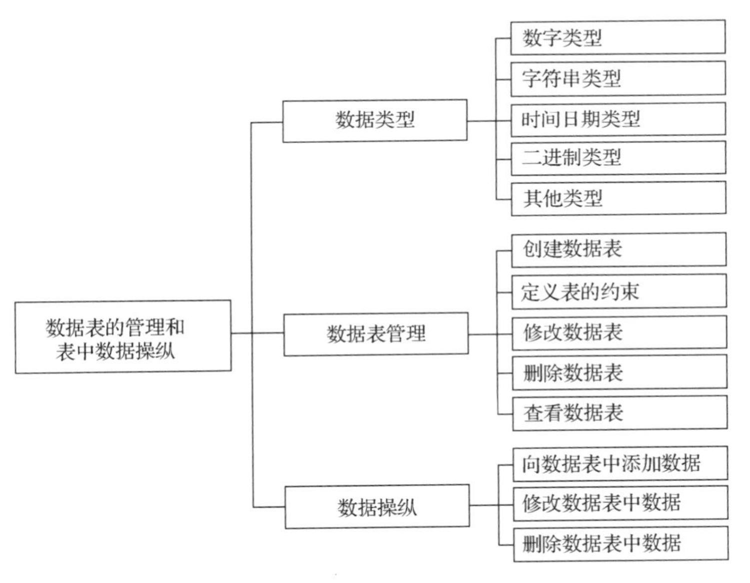

学习目标

- 能够根据需要，选择合适的数据类型，建立相关数据表并能够对数据表进行基本管理操作。
- 能够对数据表中的数据进行添加、修改和删除。

重难点

【重点】

- 数据类型。

- 使用 SQL 语句创建、修改、删除、查看数据表的操作方法。
- 定义表约束。
- 使用 SQL 语句添加、修改、删除数据表中数据的方法。

【难点】

- 结合业务需要，选择合适的数据表创建参数（字段数据类型、表约束等）。

5.1 核心知识点

5.1.1 数据类型

常见的数据类型包括数字类型、字符串类型、时间日期类型、二进制类型和其他类型。

1. 数字类型

数字类型包括整数类型和数值类型。

整数类型按照取值范围从小到大，包括 TINYINT、SMALLINT、MEDIUMINT、INT 和 BIGINT。

数值类型包括精确数值型 DECIMAL 和近似数值型 FLOAT、DOUBLE、REAL。

2. 字符串类型

字符串类型用于存储字符串数据，包括 CHAR、VARCHAR 和 TEXT。

其中，CHAR 是固定长度字符串，VARCHAR 是可变长度字符串。

TEXT 类型用于表示非二进制字符串，如文章内容、评论等，其可进一步分为 TINYTEXT、TEXT、MEDIUMTEXT 和 LONGTEXT。

3. 时间日期类型

时间日期类型包括 TIME、DATE、YEAR、DATETIME 和 TIMESTAMP。

4. 二进制类型

二进制类型包括 BIT、BINARY、VARBINARY、TINYBLOB、BLOB、MEDIUMBLOB 和 LONGBLOB。其中，BIT 类型以位为单位存储字段值，其他二进制类型以字节为单位存储字段值。

5. 其他类型

MySQL 支持两种复合数据类型：ENUM 和 SET。

ENUM 类型允许从一个集合中取得一个值，SET 类型允许从一个集合中取得多个值。

5.1.2 在 MySQL 中使用 SQL 语句管理数据表

1. 创建数据表

用户可以使用 CREATE_TABLE 语句创建数据表，基本语法格式如下。

```
CREATE [TEMPORARY] TABLE [IF NOT EXIST] <表名>
[([<字段定义>],…,|[<索引定义>])]
[table_option][select_statement];
```

关键参数的含义如下。

① TEMPORARY：使用该参数时，创建的表是临时表。

② IF NOT EXIST：使用该参数判断数据库中是否已经存在同名的表，若不存在，则执行 CREATE TABLE 操作；若已经存在同名表，则创建表时会出错。

③ <字段定义>：<字段定义>的语法格式如下。

```
<字段名> <数据类型> [DEFAULT] [AUTO_INCREMENT] [COMMENT 'String'] [{<列约束>}]
```

④ table_option：表选项，存储引擎、字符集等。

⑤ select_statement：该参数是用于定义表的查询语句。

2. 定义表的约束

约束主要包括 NULL/NOT NULL 约束（非空约束）、UNIQUE 约束（唯一约束）、PRIMARY KEY 约束（主码约束）、FOREIGN KEY 约束（外码约束）和 CHECK 约束（检查约束）。

（1）NULL/NOT NULL 约束。

该约束只能用于定义列约束，其语法格式如下。

```
<字段名> <数据类型> [NULL|NOT NULL]
```

（2）UNIQUE 约束。

UNIQUE 用于定义列约束时，其语法格式如下。

```
<字段名> <数据类型> UNIQUE
```

UNIQUE 用于定义表约束时，其语法格式如下。

```
UNIQUE（<字段名>[{,<字段名>}]）
```

（3）PRIMARY KEY 约束。

RIMARY KEY 用于定义列约束时，其语法格式如下。

```
<字段名> <数据类型> PRIMARY KEY
```

PRIMARY KEY 用于定义表约束时，其语法格式如下。

```
[CONSTRAINT <约束名>] PRIMARY KEY (<字段名>[{,<字段名>}])
```

（4）FOREIGN KEY 约束。

FOREIGN KEY 约束用于在两个数据表 A 和 B 之间建立连接，其语法格式如下。

```
[CONSTRAINT <约束名>] FOREIGN KEY  (<从表A中字段名>[{,<从表A中字段名>}])
REFERENCES <主表B表名> (<主表B中字段名>[{,<主表B中字段名>}])
[ON DELETE {RESTRICT|CASCADE|SET NULL|NO ACTION}]
[ON UPDATE {RESTRICT|CASCADE|SET NULL|NO ACTION}]
```

关键参数的含义如下。

① RESTRICT：拒绝对主表 B 的删除或更新操作。

② CASCADE：在主表 B 中删除或更新时，会自动删除或更新从表 A 中对应的记录。

③ SET NULL：在主表 B 中删除或更新时，会将子表中对应的外码值设置为 NULL。

④ NO ACTION：InnoDB 拒绝对主表 B 的删除或更新操作。

（5）CHECK 约束。

CHECK 既可用于列约束，也可用于表约束，其语法格式如下。

```
CHECK (<条件>)
```

3. 修改数据表

用户可使用ALTER TABLE语句修改表名、修改字段数据类型、修改字段名、添加和删除字段、更改表的存储引擎等。

（1）使用ADD增加新字段和完整性约束，语法格式如下。

```
ALTER TABLE <表名> ADD [<新字段名><数据类型>] [<完整性约束定义>][FIRST|AFTER 已有字段名];
```

关键参数的含义如下。

FIRST|AFTER已有字段名：使用FIRST，则将新添加的字段设置为表的第一个字段；使用AFTER，则将新添加的字段添加到指定已有字段名之后。

（2）使用RENAME修改表名，语法格式如下。

```
ALTER TABLE <旧表名>
RENAME [TO] <新表名>;
```

（3）使用CHANGE修改字段名，语法格式如下。

```
ALTER TABLE <表名>
CHANGE <旧字段名><新字段名><新数据类型>;
```

（4）使用MODIFY修改字段数据类型和字段排序，语法格式如下。

```
ALTER TABLE <表名>
MODIFY <字段名 1><数据类型>[FIRST|AFTER 字段名 2];
```

关键参数的含义如下。

FIRST|AFTER 字段名 2：使用FIRST，则将字段名1修改为表的第一个字段；使用AFTER，则将字段名1插入字段名2后面。

（5）使用ENGINE修改表的存储引擎，语法格式如下。

```
ALTER TABLE <表名>
ENGINE=<修改后存储引擎名>;
```

（6）使用DROP删除字段和完整性约束。

删除字段的语法格式如下。

```
ALTER TABLE <旧表名>
DROP <字段名>;
```

删除完整性约束的语法格式如下。

```
ALTER TABLE <表名>
DROP CONSTRAINT <约束名>;
```

4. 删除数据表

用户可以使用DROP TABLE删除一个或多个表，语法格式如下。

```
DROP TABLE [IF EXISTS] <表名>;
```

5. 查看数据表

用户可以使用SHOW TABLES语句来查看数据库中已经创建的数据表，语法格式如下。

```
SHOW TABLES;
```

用户可以使用DESCRIBE（DESC）和SHOW CREATE TABLE语句来查看数据表结构，语法格式分别如下。

```
DESCRIBE/DESC  <表名>;
SHOW CREATE TABLE <表名>;
```

5.1.3 在 MySQL 中使用 SQL 语句操纵数据

1. 向数据表中添加数据

添加一条新记录的语法格式如下。

```
INSERT|REPLACE INTO <表名>[(<字段名 1>[,<字段名 2>…])] VALUES(<值>);
```

同时添加多条记录的语法格式如下。

```
INSERT|REPLACE INTO <表名>[(<字段名 1>[,<字段名 2>…])] VALUES(<值列表 1>[,<值列
表 2>…]);
```

2. 修改数据表中数据

修改数据表中数据的语法格式如下。

```
UPDATE <表名>
SET <字段名>=<表达式>[,<字段名>=<表达式>]…
[WHERE <条件>]
```

关键参数的含义如下。

① SET：给出要修改的字段及其修改后的值。

② WHERE：指定待修改的记录应当满足的条件，省略时修改表中的所有记录。

3. 删除数据表中数据

删除数据表中数据的语法格式如下。

```
DELETE
FROM <表名>
[WHERE <条件>]
```

5.2 典型习题

一、选择题

1. 外码约束必须在（　　）中定义。

A. 主表或从表　　B. 主表

C. 从表　　D. 以上都不对

2. 下述说法错误的是（　　）。

A. 在添加新记录时，如果指定字段名，VALUES 子句中值的排列顺序必须和指定字段名顺序一致

B. DELETE TABLE 删除内容，但不删除定义

C. 在添加一行记录时，所有字段必须都赋值

D. 使用 SQL 语句修改数据表中数据时，可以修改一条，也可以同时修改多条

二、填空题

1. 把教师表中工资小于 800 元的老师工资提高 10%，对应的 SQL 语句为____________。

2. 设置字段的取值范围时，应该使用____________约束。

三、简答题

1. 请分析 PRIMARY KEY 约束与 UNIQUE 约束的区别。
2. 请分析查看数据表结构时，两类语句的区别。

5.3 实验任务

5.3.1 创建数据表实验

一、实验目的

掌握在 MySQL 中使用 MySQL Workbench 或 SQL 语句创建数据表的方法（以 SQL 命令为重点）。

二、实验内容

给定表 5-1、表 5-2 和表 5-3 所示的信息。

表 5-1 学生表

学号	姓名	性别	出生日期	专业	院系	联系电话
0433	张艳	女	2000-09-13	计算机	信息学院	
0496	李越	女	2001-01-23	信息	信息学院	13812900000
0529	赵欣	男	2002-02-27	信息	信息学院	13502220000
0531	张志国	女	2002-10-10	自动化	工学院	13312561111
0538	于兰兰	男	2002-02-01	数学	理学院	13312000000
0591	王丽丽	女	2003-03-21	计算机	信息学院	13320800000
0592	王海强	女	2003-09-01	数学	理学院	

表 5-2 课程表

课程号	课程名	学分数	学时数	任课教师
K001	计算机图形学	2.5	40	胡晶晶
K002	计算机应用基础	3	48	任泉
K006	数据结构	4	64	马跃先
M001	政治经济学	4	64	孔繁新
S001	高等数学	3	48	赵晓尘

表 5-3 学生成绩表

课程号	学号	选课时间	平时成绩	平时成绩比重	考试成绩
K001	0433	2017-08-23 16:14:11	90.5	0.4	93.5
K001	0529	2017-08-24 8:15:11	85	0.3	90
K001	0531	2017-08-25 10:18:34	57	0.4	75
K001	0591	2017-08-24 15:20:24	81.5	0.4	71.5
K002	0496	2018-02-25 15:20:24		0.3	

续表

课程号	学号	选课时间	平时成绩	平时成绩比重	考试成绩
K002	0529	2018-02-24 10:15:21	70	0.4	83
K002	0531	2018-02-25 13:20:19	75	0.2	81.5
K002	0538	2018-02-24 14:20:24	70.5	0.4	73
K002	0592	2018-02-15 9:18:12	85	0.4	
K006	0531	2018-08-25 19:17:25	93	0.3	86
K006	0591	2018-08-24 13:19:45	85	0.4	82
M001	0496	2019-02-23 10:8:11	83	0.3	91
M001	0591	2019-02-25 12:14:12	92.5	0.4	89
S001	0531	2019-08-26 13:15:12	82.5	0.4	77
S001	0538	2019-08-27 15:10:12	75.2	0.3	

（1）对表5-1、表5-2和表5-3，分别以表5-4的方式给出各字段的属性定义和说明。

表5-4　各字段的属性定义和说明

字段名	数据类型	长度或精度	默认值	完整性约束
……	……	……	……	……
……	……	……	……	……

（2）使用SQL语句在学生作业管理数据库中创建学生表、课程表和学生成绩表，在实验报告中给出SQL语句。

（3）在各个表中输入表5-1、表5-2和表5-3中的相应内容。

5.3.2　数据操纵实验

一、实验目的

掌握数据操纵的使用方法。

二、实验内容

使用数据操纵完成以下任务。

（1）在学生表中添加一条学生记录，其中，学号为“0593”，姓名为“张乐”，性别为“男”，出生日期为“2000-06-10”，专业为“自动化”，院系为“信息学院”。

（2）将所有课程的学分数据提高到平均学分的1.5倍。

（3）删除“张乐”的记录。

5.4　习题解答

5.4.1　教材习题解答

一、选择题

1. B。A选项，数值类型DECIMAL(*P*,*S*)中，*P*表示数据长度，*S*表示小数位数；C

选项，BIT数据类型以位为单位存储字段值；D选项，ENUM类型只允许在给定的集合中取一个值。

2. C。MySQL使用SQL语句中的ALTER TABLE语句来修改表名、修改字段数据类型、修改字段名、添加和删除字段、更改表的存储引擎等。

3. A。B选项中的字符型数据需要用单引号引起来。s表中sno定义了非空约束，C选项中学号字段的值不能为NULL。s表中sn定义了非空约束，D选项中姓名字段的值不能为NULL。

4. B。UPDATE语句可以对表中的一行或多行记录的某些字段值进行修改。A选项中ALTER可以对数据库对象进行修改。

5. A。PRIMARY KEY约束的字段，其值不能为NULL、不能重复，以此来保证实体的完整性。

二、填空题

1. 非空约束；唯一约束；主码约束；外码约束；检查约束。

2. DROP；DELETE。

三、简答题

1. 数字类型包括整数类型和数值类型。整数类型按照取值范围从小到大，包括TINYINT、SMALLINT、MEDIUMINT、INT、BIGINT。数值类型包括精确数值型DECIMAL和近似数值型FLOAT、DOUBLE、REAL。

字符串类型用于存储字符串数据，包括CHAR、VARCHAR和TEXT。

时间日期类型包括TIME、DATE、YEAR、DATETIME和TIMESTAMP。

二进制类型包括BIT、BINARY、VARBINARY、TINYBLOB、BLOB、MEDIUMBLOB和 LONGBLOB。

除此之外，MySQL还支持两种复合数据类型：ENUM和SET。

2. 用户可以使用CREATE TABLE语句来创建数据表，其基本语法格式如下。

```
CREATE [TEMPORARY] TABLE [IF NOT EXIST] <表名>
[([<字段定义>],…,|[<索引定义>])]
[table_option] [select_statement];
```

如创建学生表s的SQL语句如下。

```
CREATE TABLE 's' (
  'sno' CHAR(10) NOT NULL COMMENT '学号',
  'sn' VARCHAR(45) NOT NULL COMMENT '姓名',
  'sex' ENUM('男','女') NOT NULL DEFAULT '男' COMMENT '性别',
  'age' INT NOT NULL COMMENT '年龄',
  'maj' VARCHAR(45) NOT NULL COMMENT '专业',
  'dept' VARCHAR(45) NOT NULL COMMENT '院系',
  PRIMARY KEY ('sno')
)
```

5.4.2 典型习题解答

一、选择题

1. C。外码约束是在参照关系中定义的，当主表定义好后，外键在从表中进行定义。

2. C。在表定义时有 NOT NULL 约束的字段，插入数据时必须给其赋值；否则 INTO 子句中没有出现的字段赋 NULL 值。

二、填空题

1. UPDATE t

```
SET sal = 1.1*sal
WHERE sal < 800;
```
。

2. CHECK。

三、简答题

1. 在一个基本表中只能定义一个 PRIMARY KEY 约束，但可定义多个 UNIQUE 约束。对于指定为 PRIMARY KEY 约束的一个字段或多个字段的组合，其中任何一个字段都不能出现 NULL 值，而对于 UNIQUE 所约束的唯一字段，则允许为空，但是只能有一个空值。不能为同一个字段或同一组字段，既定义 UNIQUE 约束，又定义 PRIMARY KEY 约束。

2. 通过 DESCRIBE（DESC）语句可以查看表的字段信息，通过 SHOW CREATE TABLE 语句可以查看创建表时的详细语句。

5.5 实验任务解答

5.5.1 创建数据表实验

一、实验目的

掌握在 MySQL 中使用 MySQL Workbench 或 SQL 语句创建数据表的方法（以 SQL 命令为重点）。

二、实验内容

（1）对表 5-1、表 5-2 和表 5-3，分别以表 5-5、表 5-6 和表 5-7 的方式给出各字段的属性定义和说明。

表 5-5 学生表中各字段的属性定义和说明

字段名	数据类型	长度或精度	默认值	完整性约束
学号	CHAR	4	无	主码
姓名	VARCHAR	50	无	NOT NULL
性别	ENUM('男','女')	无	无	NOT NULL
出生日期	DAY	无	无	NOT NULL
专业	VARCHAR	50	无	NOT NULL
院系	VARCHAR	50	无	NOT NULL
联系电话	VARCHAR	30	无	无

表 5-6　课程表中各字段的属性定义和说明

字段名	数据类型	长度或精度	默认值	完整性约束
课程号	CHAR	4	无	主码
课程名	VARCHAR	50	无	NOT NULL
学分数	DECIMAL	(3,2)	0	CHECK >0
学时数	INT	无	0	NOT NULL
任课教师	VARCHAR	50	无	NOT NULL

表 5-7　学生成绩表中各字段的属性定义和说明

字段名	数据类型	长度或精度	默认值	完整性约束
课程号	CHAR	4	无	外码（联合学号主码）
学号	CHAR	4	无	外码（联合课程号主码）
选课时间	DATETIME	无	无	NOT NULL
平时成绩	DECIMAL	(4,1)	无	无
平时成绩比重	DECIMAL	(4,2)	无	NOT NULL
考试成绩	DECIMAL	(4,1)	无	无

（2）使用 SQL 命令在学生作业管理数据库中建立学生表、课程表和学生成绩表。

创建学生表的 SQL 语句如下。

```
CREATE TABLE 'education_lab'. 'student' (
  'sno' CHAR(4) NOT NULL COMMENT '学号',
  'sn' VARCHAR(50) NOT NULL COMMENT '姓名',
  'sex' ENUM('男','女') NOT NULL COMMENT '性别',
  'birthday' DATE NOT NULL COMMENT '出生日期',
  'major' VARCHAR(50) NOT NULL COMMENT '专业',
  'department' VARCHAR(50) NOT NULL COMMENT '院系',
  'phone' VARCHAR(30) NULL COMMENT '联系电话',
  PRIMARY KEY ('sno'));
```

创建课程表的 SQL 语句如下。

```
CREATE TABLE 'education_lab'.'course' (
  'cno' CHAR(4) NOT NULL COMMENT '课程号',
  'cn' VARCHAR(50) NOT NULL '课程名',
  'credit' DECIMAL(3,2) NOT NULL CHECK ('credit'>=0) COMMENT '学时数',
  'ct' INT NOT NULL COMMENT '学分数',
  'teacher' VARCHAR(50) NOT NULL COMMENT '任课教师',
  PRIMARY KEY ('cno'));
```

创建学生成绩表的 SQL 语句如下。

```
CREATE TABLE 'education_lab'.'sc' (
  'cno' CHAR(4) NOT NULL COMMENT '学号',
```

```
    'sno' CHAR(4) NOT NULL '课程名',
    'choose_time' DATETIME NOT NULL COMMENT '选课时间',
    'common_score' DECIMAL(4,1) NULL COMMENT '平时成绩',
    'common_ratio' DECIMAL(4,2) NOT NULL COMMENT '平时成绩比重',
    'exam_score' DECIMAL(4,1) NULL COMMENT '考试成绩',
    PRIMARY KEY ('cno','sno'),
    INDEX 's_pk_idx' ('sno' ASC) VISIBLE,
    CONSTRAINT 's_fk'
     FOREIGN KEY ('sno')
     REFERENCES 'education_lab'.'student' ('sno')
     ON DELETE NO ACTION
     ON UPDATE NO ACTION,
    CONSTRAINT 'c_fk'
     FOREIGN KEY ('cno')
     REFERENCES 'education_lab'.'course' ('cno')
     ON DELETE NO ACTION
     ON UPDATE NO ACTION);
```

（3）在各个表中输入表 5-1、表 5-2 和表 5-3 中的相应内容。

向学生表插入数据的 SQL 语句如下。

```
   INSERT INTO 'education_lab'.'student' ('sno', 'sn', 'sex', 'birthday',
'major', 'department') VALUES ('0433', '张艳', '女', '2000-09-13', '计算机',
'信息学院');
   INSERT INTO 'education_lab'. 'student' ('sno', 'sn', 'sex', 'birthday',
'major', 'department', 'phone') VALUES ('0496', '李越', '女', '2001-01-23',
'信息', '信息学院', '13812900000');
   INSERT INTO 'education_lab'.'student' ('sno', 'sn', 'sex', 'birthday',
'major', 'department', 'phone') VALUES ('0529', '赵欣', '男', '2002-02-27',
'信息', '信息学院', '13502220000');
   INSERT INTO 'education_lab'.'student' ('sno', 'sn', 'sex', 'birthday',
'major', 'department', 'phone') VALUES ('0531', '张志国', '女', '2002-10-10',
'自动化', '工学院', '13312561111');
   INSERT INTO 'education_lab'.'student' ('sno', 'sn', 'sex', 'birthday',
'major', 'department', 'phone') VALUES ('0538', '于兰兰', '男', '2002-02-01',
'数学', '理学院', '13312000000');
   INSERT INTO 'education_lab'.'student' ('sno', 'sn', 'sex', 'birthday',
'major', 'department', 'phone') VALUES ('0591', '王丽丽', '女', '2003-03-21',
'计算机', '信息学院', '13320800000');
   INSERT INTO 'education_lab'.'student' ('sno', 'sn', 'sex', 'birthday',
'major', 'department') VALUES ('0592', '王海强', '女', '2003-09-01', '数学',
'理学院');
```

向课程表中插入数据的 SQL 语句如下。

```
   INSERT INTO 'education_lab'.'course' ('cno', 'cn', 'credit', 'ct', 'teacher')
VALUES ('K001', '计算机图形学', '2.5', '40', '胡晶晶');
   INSERT INTO 'education_lab'.'course' ('cno', 'cn', 'credit', 'ct', 'teacher')
VALUES ('K002', '计算机应用基础', '3', '48', '任泉');
   INSERT INTO 'education_lab'.'course' ('cno', 'cn', 'credit', 'ct', 'teacher')
VALUES ('K006', '数据结构', '4', '64', '马跃先');
   INSERT INTO 'education_lab'.'course' ('cno', 'cn', 'credit', 'ct', 'teacher')
VALUES ('M001', '政治经济学', '4', '64', '孔繁新');
   INSERT INTO 'education_lab'.'course' ('cno', 'cn', 'credit', 'ct', 'teacher')
VALUES ('S001', '高等数学', '3', '48', '赵晓尘');
```

向学生成绩表中插入数据的 SQL 语句如下。

```
INSERT INTO 'education_lab'.'sc' ('cno', 'sno', 'choose_time', 'common_score', 'common_ratio', 'exam_score') VALUES ('K001', '0433', '2017-08-23 16:14:11', '90.5', '0.4', '93.5');
INSERT INTO 'education_lab'.'sc' ('cno', 'sno', 'choose_time', 'common_score', 'common_ratio', 'exam_score') VALUES ('K001', '0529', '2017-08-24 8:15:11', '85', '0.3', '90');
INSERT INTO 'education_lab'.'sc' ('cno', 'sno', 'choose_time', 'common_score', 'common_ratio', 'exam_score') VALUES ('K001', '0531', '2017-08-25 10:18:34', '57', '0.4', '75');
INSERT INTO 'education_lab'.'sc' ('cno', 'sno', 'choose_time', 'common_score', 'common_ratio', 'exam_score') VALUES ('K001', '0591', '2017-08-24 15:20:24', '81.5', '0.4', '71.5');
INSERT INTO 'education_lab'.'sc' ('cno', 'sno', 'choose_time', 'common_ratio') VALUES ('K002', '0496', '2018-2-25 15:20:24', '0.3');
INSERT INTO 'education_lab'.'sc' ('cno', 'sno', 'choose_time', 'common_score', 'common_ratio', 'exam_score') VALUES ('K002', '0529', '2018-02-24 10:15:21', '70', '0.4', '83');
INSERT INTO 'education_lab'.'sc' ('cno', 'sno', 'choose_time', 'common_score', 'common_ratio', 'exam_score') VALUES ('K002', '0531', '2018-02-25 13:20:19', '75', '0.2', '81.5');
INSERT INTO 'education_lab'.'sc' ('cno', 'sno', 'choose_time', 'common_score', 'common_ratio') VALUES ('K002', '0592', '2018-02-15 9:18:12', '85', '0.4');
INSERT INTO 'education_lab'.'sc' ('cno', 'sno', 'choose_time', 'common_score', 'common_ratio', 'exam_score') VALUES ('K006', '0531', '2018-08-25 19:17:25', '93', '0.3', '86');
INSERT INTO 'education_lab'.'sc' ('cno', 'sno', 'choose_time', 'common_score', 'common_ratio', 'exam_score') VALUES ('K006', '0591', '2018-08-24 13:19:45', '85', '0.4', '82');
INSERT INTO 'education_lab'.'sc' ('cno', 'sno', 'choose_time', 'common_score', 'common_ratio', 'exam_score') VALUES ('M001', '0496', '2019-02-23 10:8:11', '83', '0.3', '91');
INSERT INTO 'education_lab'.'sc' ('cno', 'sno', 'choose_time', 'common_score', 'common_ratio', 'exam_score') VALUES ('M001', '0591', '2019-02-25 12:14:12', '92.5', '0.4', '89');
INSERT INTO 'education_lab'.'sc' ('cno', 'sno', 'choose_time', 'common_score', 'common_ratio', 'exam_score') VALUES ('S001', '0531', '2019-08-26 13:15:12', '82.5', '0.4', '77');
INSERT INTO 'education_lab'.'sc' ('cno', 'sno', 'choose_time', 'common_score', 'common_ratio') VALUES ('S001', '0538', '2019-08-27 15:10:12', '75.2', '0.3');
```

5.5.2 数据操纵实验

一、实验目的

掌握数据操纵的使用方法。

二、实验内容

使用数据操纵完成以下任务。

（1）在学生表中添加一条学生记录，其中，学号为“0593”，姓名为“张乐”，性别为“男”，出生日期为“2000-06-10”，专业为“自动化”，院系为“信息学院”。

SQL 语句如下。

```
INSERT INTO 'education_lab'.'student' ('sno', 'sn', 'sex', 'birthday', 'major', 'department') VALUES ('0593', '张乐', '男', '2000-06-10', '自动化', '信息学院');
```

（2）将所有课程的学分数提高到平均学分的 1.5 倍。

SQL 语句如下。

```
UPDATE 'education_lab'.'course' credit=credit*1.5;
# 如果在 MySQL workbench 中进行，则需要关闭 safe mode 模式
```

（3）删除“张乐”的记录。

SQL 语句如下。

```
DELETE FROM 'education_lab'.'student' WHERE ('sno' = '0593');
```

第 6 章 数据表中的数据查询

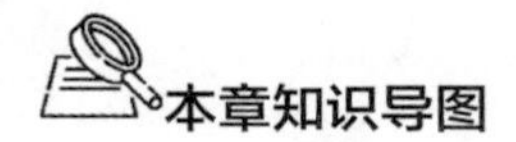

本章知识导图

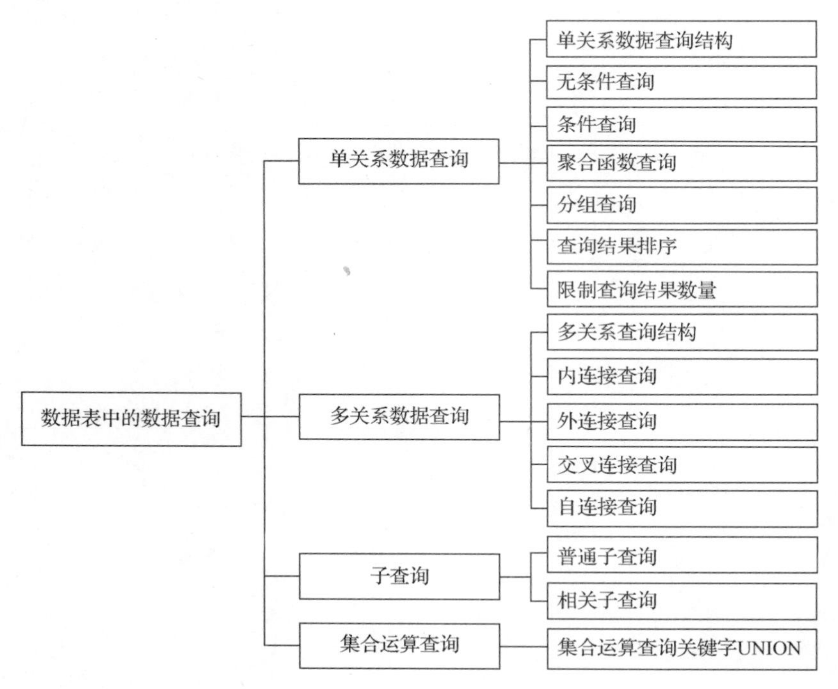

学习目标

- 掌握单关系（表）数据查询结构、常用聚合函数查询、分组查询、查询结果排序等。
- 掌握多关系（表）数据查询结构、连接查询。

- 掌握普通子查询和相关子查询。
- 掌握集合运算查询。

重难点

【重点】

- 聚合函数查询。
- 分组查询。
- 连接查询。
- 普通子查询。

【难点】

- 相关子查询。

6.1 核心知识点

6.1.1 单关系数据查询

1. 单关系数据查询结构

单关系（表）数据查询的 SELECT 语句的一般语法格式如下。

```
SELECT [ALL|DISTINCT]〈字段名〉[AS 别名] [{,〈字段名〉[AS 别名]}]
FROM〈表名或视图名〉[[AS] 表别名]
[WHERE〈检索条件〉]
[GROUP BY <字段名> [HAVING <条件表达式>]]
[ORDER BY <字段名> [ASC|DESC]]
[LIMIT 子句];
```

说明如下。

① SELECT 子句：从列的角度进行投影操作，指定要在查询结果中显示的字段名，也可以用关键字 AS 为字段名指定别名（字段名和别名之间的 AS 也可以省略），这样，别名会代替字段名显示在查询结果中。关键字 ALL 表示所有元组，关键字 DISTINCT 表示消除查询结果中的重复元组。

② FROM 子句：指定要查询的表名或视图名，如果有多个表或视图，它们之间用逗号隔开。

③ WHERE 子句：从行的角度进行选取操作，其中的检索条件是用来约束元组的，只有满足检索条件的元组才会出现在查询结果中。

④ GROUP BY 子句：将查询结果按照 GROUP BY 后的<字段名>的值进行分组。

⑤ HAVING 子句：其不能单独存在，如果需要的话，必须在 GROUP BY 子句之后。这种情况下，只输出在分组查询之后满足 HAVING 条件的元组。

⑥ ORDER BY 子句：用于对查询结果进行排序，ASC 代表升序，DESC 代表降序。默认情况下，如果在 ORDER BY 子句中没有显示指定排序方式，则表示对查询结果按照指定字段名进行升序排序。

⑦ LIMIT 子句：限制查询结果的行数。

2．条件查询

条件查询需要使用 WHERE 子句指定查询条件。查询条件中，字段名与字段名之间，或者字段名与常数之间，通常使用比较运算符连接。常用的比较运算符如表 6-1 所示。

表 6-1　常用的比较运算符

<table>
<tr><th>运算符</th><th>含义</th></tr>
<tr><td>=、>、<、>=、<=、!= 、<></td><td>比较大小</td></tr>
<tr><td>AND(&&)、OR(||)、NOT(!)</td><td>多重条件</td></tr>
<tr><td>BETWEEN AND、NOT BETWEEN AND</td><td>确定范围</td></tr>
<tr><td>IN、NOT IN</td><td>确定集合</td></tr>
<tr><td>LIKE、NOT LIKE</td><td>字符匹配</td></tr>
<tr><td>IS NULL、IS NOT NULL</td><td>空值</td></tr>
</table>

3．聚合函数查询

SQL 提供了许多实用的聚合函数，增强了基本查询能力。常用的聚合函数及其功能如表 6-2 所示。

表 6-2　常用的聚合函数及其功能

函数名称	功能
AVG	按列计算平均值
SUM	按列计算值的总和
MAX	求一列中的最大值
MIN	求一列中的最小值
COUNT	按列值统计个数

4．分组查询

GROUP BY 子句可以将查询结果按字段列或字段列的组合在行的方向上进行分组，每组在字段列或字段列的组合上具有相同的值。HAVING 子句作用于组，选择满足条件的组，其必须用在 GROUP BY 子句之后，但 GROUP BY 子句可以没有 HAVING 子句。

5．查询结果排序

当需要对查询结果排序时，应该使用 ORDER BY 子句。排序方式可以指定，DESC 为降序，ASC 为升序，缺省时为升序。此外，在一个查询任务中，如果用到 ORDER BY 子句，该子句一定要放在最后一行。

6.1.2 多关系数据查询

多关系（表）的连接方法有以下 2 种。

（1）表之间满足一定条件的行进行连接时，FROM 子句指明进行连接的表名，WHERE 子句指明连接的列名及其连接条件，语法格式如下。

```
SELECT [ALL|DISTINCT] [TOP N [PERCENT] [WITH TIES]]〈字段名〉[AS 别名 1][{,〈字段名〉[ AS 别名 2]}]
FROM〈表名 1〉[[AS] 表 1 别名] [{,〈表名 2〉[[AS] 表 2 别名,…]}]
[WHERE〈检索条件〉]
[GROUP BY <列名 1> [HAVING <条件表达式>]]
[ORDER BY <列名 2> [ASC|DESC]];
```

（2）利用关键字 JOIN 进行连接，语法格式如下。

```
SELECT [ALL|DISTINCT] [TOP N [PERCENT] [WITH TIES]] 字段名 1 [AS 别名 1] [,字段名 2 [ AS 别名 2]…]
FROM 表名 1 [[AS] 表 1 别名] [INNER|[LEFT|RIGHT|FULL|[OUTER]]|CROSS] JOIN 表名 2 [[AS] 表 2 别名]
ON 条件;
```

相关说明如下。

① INNER JOIN（内连接）：用于显示符合条件的记录，为默认值。

② LEFT [OUTER] JOIN：左（外）连接，用于显示符合条件的记录以及左边表中不符合条件的记录。此时右边表记录会以 NULL 来显示。

③ RIGHT [OUTER] JOIN：右（外）连接，用于显示符合条件的记录以及右边表中不符合条件的记录。此时左边表记录会以 NULL 来显示。

④ FULL [OUTER] JOIN：显示符合条件的记录以及左边表和右边表中不符合条件的记录。此时缺乏数据的记录会以 NULL 来显示。

⑤ CROSS JOIN：将一个表的每一个记录和另一个表的每个记录匹配成新的记录。

⑥ JOIN 关键字：将 JOIN 关键字放于 FROM 子句中时，应有关键字 ON 与之对应，以表明连接的条件。

6.1.3 子查询

1．普通子查询

普通子查询的执行顺序：首先执行子查询，然后把子查询的结果作为父查询的查询条件的值。普通子查询只执行一次，而父查询所涉及的所有记录行都与其查询结果进行比较，以确定查询结果集合。

2．相关子查询

普通子查询中，子查询的查询条件不涉及父查询中基本表的属性。但是，有些查询任务中，子查询的查询条件需要引用父查询表中的属性值，这类查询称为相关子查询。

相关子查询的执行顺序：首先，选取父查询表中的第一行记录，子查询利用此行中相关的属性值在子查询涉及的基本表中进行查询；然后，父查询根据子查询返回的结果判断父查询表中的此行是否满足查询条件，如果满足条件，则把该行放入父查询的查询结果集合中，重复执行这一过程，直到处理完父查询表中的每一行数据。

由此可以看出，相关子查询的执行次数是由父查询表的行数决定的。

6.1.4 集合运算查询

集合运算查询是使用 UNION 关键字将来自不同查询的数据组合起来，形成一个具有综合信息的查询结果。UNION 操作会自动将重复的数据行剔除。必须注意的是，参加集合运算查询的各子查询的查询结果的结构应该相同，即各子查询的查询结果中的数据属性的数目和对应的数据类型都必须相同。

6.2 典型习题

一、选择题

1. SELECT 子句的作用是实现（　　）操作。

A. 选取　　B. 投影　　C. 插入　　D. 修改

2. WHERE 子句的作用是实现（　　）操作。

A. 选取　　B. 投影　　C. 插入　　D. 修改

3. 关于 HAVING 子句，以下选项正确的是（　　）。

A. HAVING 子句可以单独使用

B. HAVING 子句的作用是对字段相同的值进行分组

C. HAVING 子句必须是查询语句的最后一行

D. HAVING 子句要放在 GROUP BY 子句之后

4. 关于 ORDER BY 子句，以下选项正确的是（　　）。

A. ORDER BY 子句中没有显示排序方式时，表示对查询结果按照指定字段名进行降序排序

B. ORDER BY 子句必须是查询语句的最后一行

C. ORDER BY 子句需要和 HAVING 子句配对使用

D. ORDER BY 子句中只能有一个排序字段

5. 对于教材中表 1-1 所示的教师关系 t(tno,tn,sex,age,prof,sal,maj,dept)，要求查询姓“赵”的教师信息，WHERE 子句中的条件是（　　）。

A. tn LIKE '赵%'　　B. tn LIKE '%赵'

C. tn LIKE '赵_'　　D. tn LIKE '_赵'

6. 对于教材中表 1-4 所示的选课关系 sc(sno,cno,score)，要求查询学号为“s2”的学生的总分和平均分，对于以下查询语句，查询结果中表头的字段名为（　　）。

```
SELECT SUM(score),AVG(score)
FROM SC
WHERE sno='s2';
```

A. SUM，AVG　　B. 总分，平均分

C. Summary，Average　　D. SUM(score)，AVG(score)

7. 关于 GROUP BY 子句，以下选项正确的是（　　）。

A. GROUP BY 子句按字段在行的方向上进行分组

B. GROUP BY 子句按字段在列的方向上进行分组

C. GROUP BY 子句必须是查询语句的最后一行

D. GROUP BY 子句必须和 HAVING 子句配对使用

8. 对于一个查询任务，要求从查询结果的第 2 行开始，显示 3 行，以下正确的 LIMIT 子句是（　　）。

A. LIMIT 2,3;　　B. LIMIT 0,3;

C. LIMIT 3 OFFSET 1;　　D. LIMIT 3 OFFSET 2;

9. 对于如下查询语句，以下选项正确的是（　　）。

```
SELECT sno,sn,age
FROM s
WHERE age>(SELECT age
           FROM s
           WHERE sn='赵琳琳');
```

A. 先执行父查询　　B. 先执行子查询

C. 父查询和子查询交替执行　　D. 子查询执行多次

10. 对于如下查询语句，以下选项正确的是（　　）。

```
SELECT sno,sn
FROM s
WHERE 'c1' IN (SELECT cno
               FROM sc
               WHERE sno=s.sno);
```

A. 先执行父查询　　B. 先执行子查询

C. 父查询和子查询交替执行　　D. 子查询只执行一次

二、填空题

1. 在查询任务中，可以实现选取操作的是________________子句。

2. 在查询任务中，可以实现投影操作的是________________子句。

3. 在查询任务中，可以实现分组操作的是________________子句。

4. 在查询任务中，可以对分组操作进行进一步筛选的是________________子句。

5. 在查询任务中，可以实现排序操作的是________________子句。

6. 普通子查询中，子查询执行的次数为________________次。

7. 相关子查询中，子查询的执行次数由________________表的行数决定。

8. ________________查询用于显示符合条件的记录以及左边表中不符合条件的记录。

9. ________________查询对连接查询的表没有特殊要求，任何表都可以进行该查询操作。

10. 查询时，如果不知道完全精确的值，可以使用关键字____________或____________进行部分匹配查询（也称模糊查询）。

三、简答题

1. 请对分组查询进行简述。

2. 请对部分匹配查询进行简述。

6.3 实验任务

一、实验目的

掌握无条件查询的使用方法。

掌握条件查询的使用方法。

掌握聚合函数查询的使用方法。

掌握分组查询的使用方法。

掌握查询结果的排序方法。

掌握连接查询的使用方法。

掌握子查询的使用方法。

二、实验内容

根据第 4 章和第 5 章实验中创建的学生成绩管理数据库以及其中的学生表、课程表和学生成绩表，进行以下的查询操作（每一个查询都要给出 SQL 语句，列出查询结果）。

（1）查询各位学生的学号、专业和姓名。

（2）查询课程的全部信息。

（3）查询数据库中有哪些专业。

（4）查询学时数大于 60 的课程信息。

（5）查询在 2003 年出生的学生的学号、姓名和出生日期。

（6）查询姓张的学生的学号、姓名和专业。

（7）查询没有考试成绩的学生的学号和对应课程号。

（8）查询学号为“0538”的学生的平时成绩的总分。

（9）查询选修了“K001”课程的学生人数。

（10）查询数据库中共有多少个专业。

（11）查询选修 3 门以上（含 3 门）课程的学生的学号和考试平均分。

（12）查询“于兰兰”的选课信息，列出学号、姓名、课程名。

（13）查询与“张艳”同一院系的学生的学号和姓名。

（14）查询比“计算机应用基础”学时多的课程的课程号、课程名和课时。

（15）查询选修“K002”课程的学生的学号、姓名。

6.4 习题解答

6.4.1 教材习题解答

一、选择题

1. A。SELECT 后面是字段列表，是从列的角度操作的，可以将需要的字段显示在查询结果中，能实现选取操作。

2. C。WHERE 后面的检索条件是用来约束元组的，是从行的角度操作的，只有满足检索条件的元组才会出现在查询结果中，其能实现选取操作。

3. C。判断某个字段的值是否为空值时，字段和 NULL 之间不能用等号或不等号，要用 IS 或 IS NOT。

4. D。HAVING 子句作用于组，选择满足条件的组，必须用在 GROUP BY 子句之后，但 GROUP BY 子句可以没有 HAVING 子句。

5. C。当需要对查询结果排序时，应该使用 ORDER BY 子句，ORDER BY 子句必须出现在其他子句之后。

6. C。LIMIT 后面的第一个参数用于指定查询结果的第一行的偏移量，默认为 0，表示查询结果的第 1 行，以此类推。所以 C 选项中 LIMIT 后面的第一个参数 2 表示查询结果的第 3 行。LIMIT 后面的第二个参数用来指定显示查询结果的行数。

7. A。A 选项中的'%系统'，表示课程名的最后两个字是系统，在此之前的内容可以是 0 个字符、一个字符或多个字符，所以用%来代替。

8. D。完成题目要求的查询任务，需要用到课程表和选课表两个不同的表，不能使用自连接查询，自连接查询使用的两个表实际上是同一个表，只是为其取了不同的别名。

9. B。普通子查询的执行顺序：首先执行子查询，然后把子查询的结果作为父查询的查询条件的值。普通子查询只执行一次，而父查询所涉及的所有记录行都与其查询结果进行比较，以确定查询结果集合。

10. C。相关子查询的执行顺序：首先，选取父查询表中的第一行记录，子查询利用此行中相关的属性值在子查询涉及的基本表中进行查询；然后，父查询根据子查询返回的结果判断父查询表中的此行是否满足查询条件，如果满足条件，则把该行放入父查询的查询结果集合中，重复执行这一过程，直到处理完父查询表中的每一行数据。由此可以看出，相关子查询的执行次数是由父查询表的行数决定的。

二、填空题

1. DISTINCT（大小写都可以）。
2. LIMIT（大小写都可以）。
3. AS（大小写都可以）。
4. *。
5. 连接字段。
6. 行数（或元组数量）。
7. LIMIT 2,6（或 limit 2,6）。
8. 积（或乘积）；和。
9. 自连接查询。
10. UNION（大小写都可以）。

三、简答题

1. 普通子查询的执行顺序：首先执行子查询，然后把子查询的结果作为父查询的查询条件。普通子查询只执行一次，而父查询所涉及的所有记录行都与其查询结果进行比较，以确定查询结果集合。

2. 相关子查询的执行顺序：首先，选取父查询表中的第一行记录，子查询利用此行中相关的属性值在子查询涉及的基本表中进行查询；然后，父查询根据子查询返回的结果判断父查询表中的此行是否满足查询条件，如果满足条件，则把该行放入父查询的查询结果集合中，重复执行这一过程，直到处理完父查询表中的每一行数据。

由此可以看出，相关子查询的执行次数是由父查询表的行数决定的。

3. 在内连接查询中，不满足连接条件的元组不能作为查询结果输出。而在外连接查询中，参与连接的表有主从之分，以主表的每行数据去匹配从表的数据列。符合连接条件的数据将直接返回到结果集中；那些不符合连接条件的列，将被填上 NULL 值后，再返回到结果集中。

4. 对于数据库 teaching，写出以下查询任务的 SQL 语句。

（1）查询学生表 s 中的所有内容。

```
SELECT *
FROM s;
```

（2）查询学生表 s 中院系（dept）的数量。

```
SELECT COUNT(DISTINCT dept)
FROM s;
```

（3）查询信息学院的所有女生信息。

```
SELECT *
FROM s
WHERE sex='女' AND dept='信息学院';
```

（4）查询所讲授课程的课程号为“c1”和“c2”的教师的教师号、姓名、职称，以及课程号。

```
SELECT t.tno,tn,prof,cno
FROM t,tc
WHERE t.tno=tc.tno AND (cno='c1' OR cno='c2');
```

（5）查询姓“赵”的教师的信息，要求显示教师号、姓名、职称和专业。

```
SELECT tno,tn,prof,maj
FROM t
WHERE tn LIKE '赵%';
```

（6）查询每位学生的选课信息，要求显示学号和选课数量，并且按照选课数量降序排列。

```
SELECT sno,COUNT(cno) AS 选课数量
FROM sc
GROUP BY sno
ORDER BY COUNT(cno) DESC;
```

（7）查询授课教师数量在 2 人及以上的课程信息，要求显示课程号和授课教师人数。

```
SELECT cno,COUNT(tno) AS 授课教师人数
FROM tc
GROUP BY cno
HAVING COUNT(tno)>=2;
```

（8）查询与教师“刘杨”不同院系的教师的教师号、姓名和院系。

```
SELECT x.tno,x.tn,x.dept
FROM t AS x,t AS y
WHERE x.dept<>y.detp AND y.tn='刘杨';
```

或者

```
SELECT tno,tn,dept
FROM t
```

```
WHERE dept<>( SELECT dept
              FROM t
              WHERE tn='刘杨');
```

（9）查询选修“程序设计基础”课程的学号、姓名和课程号。

```
SELECT s.sno,sn,c.cno
FROM s,sc,c
WHERE s.sno=sc.sno AND sc.cno=c.cno AND c.cn='程序设计基础';
```

（10）查询课程号为“c2”的课程的选课信息，要求显示课程号、课程名、学号、姓名和成绩。

```
SELECT c.cno,cn,s.sno,sn,score
FROM s,sc,c
WHERE s.sno=sc.sno AND sc.cno=c.cno AND c.cno='c2';
```

6.4.2 典型习题解答

一、选择题

1. B。SELECT 子句从列的角度进行投影操作，指定要在查询结果中显示的字段名。

2. A。WHERE 子句从行的角度进行选取操作，其中的检索条件是用来约束元组的，只有满足检索条件的元组才会出现在查询结果中。

3. D。HAVING 子句不能单独存在，如果需要的话，它必须在 GROUP BY 子句之后。这种情况下，只输出在分组查询之后满足 HAVING 条件的元组。

4. B。在一个查询任务中，如果用到 ORDER BY 子句，该子句一定要放在最后一行。

5. A。查询姓“赵”的教师信息，“赵”是姓名中的第一个字，之后的内容用“%”代替，“%”代表 0 个或多个字符。

6. D。在使用聚合函数进行查询时，查询结果中的字段名是聚合函数的函数名加参数。如果要更清楚地表示查询内容的含义，可以为聚合函数指定别名。

7. A。GROUP BY 子句可以将查询结果按字段列或字段列的组合在行的方向上进行分组，每组在字段列或字段列的组合上具有相同的值。如果在分组的基础上还要继续按照给定条件筛选的话，可以结合使用 HAVING 子句。

8. C。LIMIT 子句用来限制查询结果的元组数量，其语法格式如下。

```
LIMIT [OFFSET,] row_count | row_count OFFSET offset;
```

该题的查询任务，LIMIT 子句可以写为 LIMIT 1,3;或 LIMIT 3 OFFSET 1;。

9. B。普通子查询的执行顺序：首先执行子查询，然后把子查询的结果作为父查询的查询条件。普通子查询只执行一次，而父查询所涉及的所有记录行都与其查询结果进行比较，以确定查询结果集合。

10. C。相关子查询的执行顺序：首先，选取父查询表中的第一行记录，子查询利用此行中相关的属性值在子查询涉及的基本表中进行查询；然后，父查询根据子查询返回的结果判断父查询表中的此行是否满足查询条件，如果满足条件，则把该行放入父查询的查询结果集合中，重复执行这一过程，直到处理完父查询表中的每一行数据。

二、填空题

1. WHERE。

2. SELECT。
3. GROUP BY。
4. HAVING。
5. ORDER BY。
6. 1。
7. 父查询。
8. 左（外）连接（或 LEFT [OUTER] JOIN）。
9. 交叉连接查询。
10. LIKE；NOT LIKE。

三、简答题

1. GROUP BY 子句可以将查询结果按字段列或字段列的组合在行的方向上进行分组，每组在字段列或字段列的组合上具有相同的值。

当在一个 SQL 查询中同时使用 WHERE 子句、GROUP BY 子句和 HAVING 子句时，其顺序是 WHERE、GROUP BY 和 HAVING。WHERE 与 HAVING 子句的根本区别在于作用对象不同。WHERE 子句作用于基本表或视图，从中选择满足条件的元组；HAVING 子句作用于组，选择满足条件的组，必须用在 GROUP BY 子句之后，但 GROUP BY 子句可以没有 HAVING 子句。

2. 查询时，如果不知道完全精确的值，可以使用 LIKE 或 NOT LIKE 进行部分匹配查询（也称模糊查询）。LIKE 语句的一般语法格式如下。

```
<字段名> LIKE <字符串常量>
```

其中，字段名必须为字符型，字符串常量中的字符可以包含通配符，利用这些通配符，可以进行模糊查询。常用的通配符有“%”和“_”，“%”代表 0 个或多个字符，“_”代表一个字符。

6.5 实验任务解答

一、实验目的

掌握无条件查询的使用方法。
掌握条件查询的使用方法。
掌握聚合函数查询的使用方法。
掌握分组查询的使用方法。
掌握查询结果的排序方法。
掌握连接查询的使用方法。
掌握子查询的使用方法。

二、实验内容

根据第 4 章和第 5 章实验中创建的学生成绩管理数据库以及其中的学生表、课程表和学生成绩表，进行以下的查询操作（每一个查询都要给出 SQL 语句，列出查询结果）。

（1）查询各位学生的学号、专业和姓名，SQL 语句如下，查询结果如图 6-1 所示。

```
SELECT sno,major,sn FROM student;
```

sno	major	sn
0433	计算机	张艳
0496	信息	李越
0529	信息	赵欣
0531	自动化	张志国
0538	数学	于兰兰
0591	计算机	王丽丽
0592	数学	王海强

图 6-1　各位学生的学号、专业和姓名

（2）查询课程的全部信息，SQL 语句如下，查询结果如图 6-2 所示。

```
SELECT * FROM course;
```

cno	cn	credit	ct	teacher
K001	计算机图形学	3.75	40	胡晶晶
K002	计算机应用基础	4.50	48	任泉
K006	数据结构	6.00	64	马跃先
M001	政治经济学	6.00	64	孔繁新
S001	高等数学	4.50	48	赵晓尘

图 6-2　课程的全部信息

（3）查询数据库中有哪些专业，SQL 语句如下，查询结果如图 6-3 所示。

```
SELECT DISTINCT major FROM student;
```

major
计算机
信息
自动化
数学

图 6-3　数据库中的专业

（4）查询学时数大于 60 的课程信息，SQL 语句如下，查询结果如图 6-4 所示。

```
SELECT * FROM course WHERE ct>60;
```

cno	cn	credit	ct	teacher
K006	数据结构	6.00	64	马跃先
M001	政治经济学	6.00	64	孔繁新

图 6-4　学时数大于 60 的课程信息

（5）查询在 2003 年出生的学生的学号、姓名和出生日期，SQL 语句如下，查询结果如图 6-5 所示。

```
SELECT sno,sn,birthday FROM student WHERE birthday>'2003-01-01';
```

sno	sn	birthday
0591	王丽丽	2003-03-21
0592	王海强	2003-09-01

图 6-5　在 2003 年出生的学生的学号、姓名和出生日期

（6）查询姓张的学生的学号、姓名和专业，SQL 语句如下，查询结果如图 6-6 所示。

```
SELECT sno,sn,major FROM student WHERE sn LIKE '张%';
```

sno	sn	major
0433	张艳	计算机
0531	张志国	自动化

图 6-6　姓张的学生的学号、姓名和专业

（7）查询没有考试成绩的学生的学号和对应课程号，SQL 语句如下，查询结果如图 6-7 所示。

```
SELECT sno,cno FROM sc WHERE exam_score IS NULL;
```

sno	cno
0496	K002
0592	K002
0538	S001

图 6-7　没有考试成绩的学生的学号和课程号

（8）查询学号为“0538”的学生的平时成绩的总分，SQL 语句如下，查询结果如图 6-8 所示。

```
SELECT SUM(common_score) FROM sc WHERE sno='0538';
```

SUM(common_score)
75.2

图 6-8　学号为“0538”的学生的平时成绩的总分

（9）查询选修了“K001”课程的学生人数，SQL 语句如下，查询结果如图 6-9 所示。

```
SELECT COUNT(*) FROM sc WHERE cno='K001';
```

COUNT(*)
4

图 6-9　选修了“K001”课程的学生人数

（10）查询数据库中共有多少个专业，SQL 语句如下，查询结果如图 6-10 所示。

```
SELECT COUNT(DISTINCT major) FROM student;
```

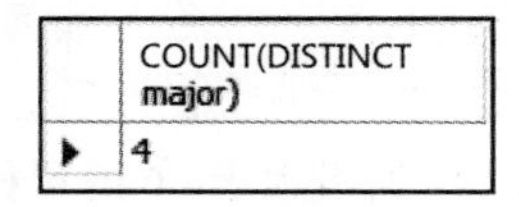

COUNT(DISTINCT major)
4

图 6-10　数据库中专业的数量

（11）查询选修 3 门以上（含 3 门）课程的学生的学号和考试平均分，SQL 语句如下，查询结果如图 6-11 所示。

```
SELECT sno,AVG(exam_score) FROM sc GROUP BY sno HAVING COUNT(*)>=3;
```

sno	AVG(exam_score)
0531	79.87500
0591	80.83333

图 6-11　选修 3 门以上（含 3 门）课程的学生的学号和考试平均分

（12）查询“于兰兰”的选课信息，列出学号、姓名、课程名，SQL 语句如下，查询结果如图 6-12 所示。

```
    SELECT student.sno,sn,course.cn FROM student INNER JOIN sc ON student.sno=
sc.sno INNER JOIN course ON sc.cno=course.cno WHERE sn='于兰兰';
```

	sno	sn	cn
▶	0538	于兰兰	高等数学

图 6-12 “于兰兰”的选课信息

（13）查询与“张艳”同一院系的学生的学号和姓名，SQL 语句如下，查询结果如图 6-13 所示。

```
    SELECT sno,sn FROM student WHERE department IN（SELECT department FROM student
WHERE sn='张艳') AND sn!='张艳';
```

	sno	sn
▶	0496	李越
	0529	赵欣
	0591	王丽丽

图 6-13 与“张艳”同一院系的学生的学号和姓名

（14）查询比“计算机应用基础”学时多的课程的课程号、课程名和课时，SQL 语句如下，查询结果如图 6-14 所示。

```
    SELECT c1.cno,c1.cn,c1.ct FROM course AS c1 INNER JOIN course AS c2 ON
c1.ct>c2.ct AND c2.cn='计算机应用基础';
```

	cno	cn	ct
▶	K006	数据结构	64
	M001	政治经济学	64

图 6-14 比“计算机应用基础”学时多的课程的课程号、课程名和课时

（15）查询选修“K002”课程的学生的学号、姓名，SQL 语句如下，查询结果如图 6-15 所示。

```
    SELECT student.sno,sn FROM student INNER JOIN sc ON student.sno=sc.sno WHERE
cno='K002';
```

	sno	sn
▶	0496	李越
	0529	赵欣
	0531	张志国
	0592	王海强

图 6-15 选修“K002”课程的学生的学号、姓名

第 7 章 视图和索引

本章知识导图

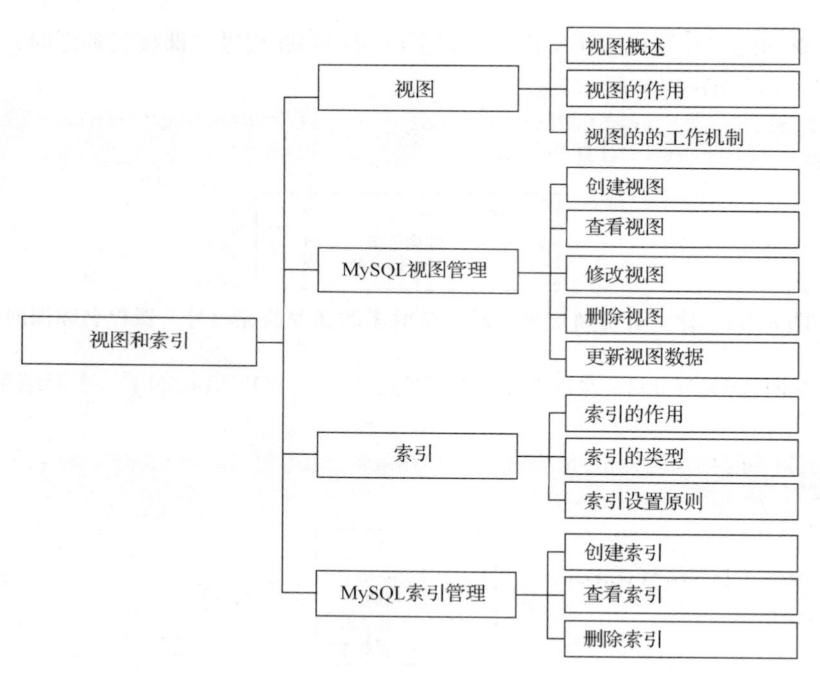

学习目标

- 理解视图和索引的概念及适用场景。
- 能够根据数据库查询、管理等需要，建立相关视图，并能够对视图进行基本管理操作。
- 选择合适的索引类型，构建并操作相关索引。

重难点

【重点】

- 视图的作用。
- 视图的工作机制。
- 使用 SQL 语句创建、查看、修改、查询和删除视图的方法。
- 索引的作用。
- 索引的类型。
- 索引的设置原则。
- 使用 SQL 语句创建、查看和删除索引的方法。

【难点】

- 结合业务需要，选择合适的视图创建参数。
- 结合业务需要，组合不同类型索引，创建兼顾时间和空间代价的复合索引。

7.1 核心知识点

7.1.1 视图

1. 视图概述

视图是在一个或多个基本表或视图的基础上，通过查询语句定义的虚拟表。

视图与基本表的联系和区别如表 7-1 所示。

表 7-1 视图与基本表的联系和区别

	联系	区别
视图	可在 SELECT 语句中作为基本表查询	视图只存储视图的定义，是虚拟表
基本表	可在 SELECT 语句中作为基本表查询	基本表不仅包括表的定义，还包括表的数据

2. 视图的作用

操作角度：可根据多个表构建虚拟表，也可结合业务需要，基于现有基本表字段，构建新的字段，以方便 SQL 查询语句的编写效率。

安全角度：配合权限管理，保护基本表中字段，提升数据的安全性。

其他角度：配合外模式，提升数据的逻辑独立性；视图还可用于大规模、分布式数据集成。

3. 视图的工作机制

因为视图为虚拟表，所以查询视图时，查询语句会转化为对基本表的查询。

4. 在 MySQL 中使用 SQL 语句管理视图

（1）创建视图

创建视图的语法格式如下。

```
CREATE [OR REPLACE] [ALGORITHM={UNDEFINED|MERGE|TEMPTABLE}]
[DEFINER={user|CURRENT_USER}]
VIEW 视图名[(视图字段列表)]
AS 查询语句
[WITH [CASCADED|LOCAL] CHECK OPTION];
```

创建视图的关键语句如下。

```
CREATE VIEW 视图名[(视图字段列表)]
AS 查询语句;
```

关键参数的含义如下。

① OR REPLACE：当 DBMS 存在与创建视图同名视图时，该可选参数确保语句正确执行，但会覆盖已有视图的定义。

② ALGORITHM={UNDEFINED|MERGE|TEMPTABLE}：算法参数指明运用视图查询数据时，视图查询的工作机制。MERGE 与 TEMPTABLE 的区别在于：是将查询直接转换为基本表查询，还是将查询作用于视图定义所产生的临时表上。

从查询效率上看，MERGE 查询效率较低，TEMPTABLE 查询效率较高。

从空间复杂度上看，TEMPTABLE 空间复杂度较高。

实际上，TEMPTABLE 是一种以空间换时间的查询方式。

③ (视图字段列表)：使用视图字段列表可隐藏基本表中敏感的字段名称，也可以基于基本表中字段，获得满足业务需要的虚拟字段信息。例如，在学生视图中，结合生日字段，计算学生的年龄。

④ WITH [CASCADED|LOCAL] CHECK OPTION：在插入、修改和更新数据时，使用该参数表明将按照创建视图的 WHERE 子句进行检查，不满足条件时将拒绝数据的插入、修改或更新操作。

（2）查看视图

使用 DESCRIBE 语句可查看视图的结构信息，语法格式如下。

```
DESCRIBE 视图名称;
```

使用 SHOW TABLE STATUS 语句可查看视图的状态情况，语法格式如下。

```
SHOW TABLE STATUS LIKE '视图名称';
```

使用 SHOW CREATE VIEW 语句可查看视图的创建信息，语法格式如下。

```
SHOW CREATE VIEW 视图名称;
```

通过 MySQL 系统表 information_schema.VIEWS，可查看指定视图的定义、状态等信息。

（3）修改视图的定义

使用 CREATE OR REPLACE VIEW 语句可替换现有视图定义，使用 ALTER VIEW 语句可修改视图的定义，语法格式如下。

```
ALTER [ALGORITHM={UNDEFINED|MERGE|TEMPTABLE}]
[DEFINER={user|CURRENT_USER}]
VIEW 视图名[(视图列表)]
AS 查询语句
[WITH [CASCADED|LOCAL] CHECK OPTION];
```

上述参数定义同创建视图参数。

（4）删除视图

使用 DROP VIEW 语句可删除视图，语法格式如下。

```
DROP VIEW [IF EXISTS] 视图名称1[,…] [RESTRICT|CASCADED];
```

关键参数的含义如下。

RESTRICT|CASCADED：删除约束限制。如果存在基于该视图构建的其他视图，则使用 RESTRICT 表明不允许删除视图，使用 CASCADED 表明删除该视图的同时级联删除基于该视图构建的其他视图。

（5）更新视图的数据

用户可以像操作基本表一样更新视图，但视图的本质是方便查询或保护数据，因此，当对视图执行数据更新操作时，有些情况下是不可能实现的，如视图依赖于多张基本表。实际上，人们很少使用视图来更新数据。

7.1.2 索引

1. 索引的作用、类型和设置原则

（1）索引的作用和特点

作用：加快检索速度。

特点：以空间换取时间。

（2）索引的类型

① 根据索引特征分类，索引可分为普通索引、主键索引、唯一索引、全文索引和空间索引。

普通索引是指创建索引时不附加任何约束和限制条件的索引，如果该索引的字段存在重复内容，则索引效率一般。

主键索引为构建数据表时自动生成的索引，主键索引一般是聚集型索引。

全文索引适合文本内容较多的数据索引，如新闻内容，其消耗的空间较大，构建索引的时间复杂度较高，

空间索引适合 GIS 系统。

② 根据索引涉及列数分类，索引可分为单列索引和复合索引。

单列索引指针对一个列构建的索引，通常单列索引需要与其他类型索引融合，如单列唯一索引等。

复合索引指针对多个列共同构建的索引，多列索引在很多关联表中比较常见。使用复合索引可以有效解决单列索引重复性引发的查找效率问题。

③ 根据索引存储方式分类，索引可分为 B-Tree 索引和 Hash 索引。

B-Tree 索引适合范围条件类型的索引，为 MySQL 默认使用的索引方式，也是大多数关系型数据库常用的索引方式。

Hash 索引适合固定值类型的索引。

④ 根据索引与数据物理存储关系分类，索引可分为聚集型索引和非聚集型索引。

聚集型索引为实际物理存储数据使用的索引，通常使用主码作为聚集型索引。非聚集型索引为根据查找需要构建的非存储使用的索引。

（3）索引设置原则

原则 1：索引并非越多越好，索引数量越多，索引的维护成本越高。

原则 2：建议针对重复内容较少的且经常查询的列构建索引，对于重复内容较多的列，可结合其他列，构建复合索引，以降低重复内容对索引使用效率的影响。

原则 3：建议对查询语句中经常查询的列、排序的列构建索引。

2. 在 MySQL 中使用 SQL 语句管理索引

（1）创建索引

① 直接创建索引，语法格式如下。

```
CREATE [UNIQUE|FULLTEXT|SPATIAL] INDEX 索引名称
ON 表名称(字段名称[(索引字符长度)[ASC|DESC]][,…])
```

关键参数的含义如下。

UNIQUE|FULLTEXT|SPATIAL：表示索引的类型。

② 创建表时直接附带创建索引，语法格式如下。

```
CREATE TABLE 表名(
    属性名 1 数据类型 [列完整性约束],
    …
    属性名 n 数据类型 [列完整性约束],
    [表约束],
    [UNIQUE|FULLTEXT|SPATIAL] INDEX|KEY [索引名 1] (字段名称[(索引字符长度)
[ASC|DESC]]),
  …
    [UNIQUE|FULLTEXT|SPATIAL] INDEX|KEY [索引名 n] (字段名称[(索引字符长度)
[ASC|DESC]])
  );
```

创建表时直接附带创建的索引通常出现在表约束后。

③ 为已有表添加索引，语法格式如下。

```
ALTER TABLE 表名
ADD [UNIQUE|FULLTEXT|SPATIAL] INDEX|KEY [索引名 1] (字段名称[(索引字符长度)
[ASC|DESC]]),
…
ADD [UNIQUE|FULLTEXT|SPATIAL] INDEX|KEY [索引名 n] (字段名称[(索引字符长度)
[ASC|DESC]]);
```

其中，使用 ADD 关键字明确添加索引。

（2）查看索引

使用 SHOW INDEX 语句可以查看已有表或视图上的索引信息，语法格式如下。

```
SHOW INDEX FROM 表名 [FROM 数据库名];
```

（3）删除索引

① 使用 ALTER TABLE 语句可以删除索引，语法格式如下。

```
ALTER TABLE 表名
DROP INDEX 索引名;
```

② 使用 DROP INDEX 语句可以删除索引，语法格式如下。

```
DROP INDEX 索引名 ON 表名;
```

7.2 典型习题

一、选择题

1. 索引可以提高哪一种操作的效率？（　　）

A. SELECT　　B. DELETE　　C. UPDATE　　D. INSERT

2. 视图上不可以进行的操作是（　　）。

A. 基于视图创建新的基本表　　B. 针对视图进行查询

C. 基于视图构建新的视图　　D. 针对视图进行数据更新

3. 唯一索引的主要用途是（　　）。

A. 保证索引的值不重复　　B. 保证索引的值不为 NULL

C. 保证唯一索引的值不能被删除　　D. 保证唯一索引的列不可施加其他索引

二、填空题

1. 按索引存储方式分类，索引可分为________和________。

2. 如果需要查在询视图时，使用临时表来提高查询效率，则创建视图时应使用的参数为________。

3. 如果需要在更新视图数据时，检查视图更新的条件，则需要在创建视图时增加________。

三、简答题

1. 请简述 B-Tree 索引和 Hash 索引的区别。
2. 请列举更新视图数据时，需要注意的特殊情况。
3. 请列举不适合建立索引的情况。
4. 请分析聚集型索引和非聚集型索引的区别。

7.3 实验任务

7.3.1 视图管理实验

一、实验目的

掌握在 MySQL 中使用 MySQL Workbench 或 SQL 语句创建和查询视图的方法（以 SQL 命令为重点）。

掌握在 MySQL 中使用 MySQL Workbench 或 SQL 语句查看、修改和删除视图的方法（以 SQL 命令为重点）。

二、实验内容

根据第 4 章和第 5 章实验创建的学生成绩管理数据库及其中的学生表、课程表和学生成绩表完成如下实验内容，给出实验涉及的 SQL 语句。

1. 在 MySQL 中使用 MySQL Workbench 或 SQL 语句创建和查询视图

（1）在 MySQL Workbench 或命令行环境下，创建计算机专业的学生视图 s_computer_view，视图包含学生表全部字段。

（2）在 MySQL Workbench 或命令行环境下，查询 s_computer_view 中的内容。

（3）在 MySQL Workbench 或命令行环境下，创建 2002 年（含）后出生的女学生视图 s_female_view，视图显示学生的学号（s_no）、姓名（s_name）、学生性别（s_sex）、出生日期（s_birthday）以及学生的联系方式（s_contact）。

（4）在 MySQL Workbench 或命令行环境下，通过视图 s_female_view，查询张姓学生的信息。

（5）在 MySQL Workbench 或命令行环境下，创建学生选课信息视图 sc_view，显示选修 3 学分（含）的学生的学号（s_no）、姓名（s_name）、课程号（c_cno）、课程名（c_name）。

（6）在 MySQL Workbench 或命令行环境下，创建学生选课成绩视图 score_view，显示选修 3 学分的学生的学号（s_no）、姓名（s_name）、课程号（c_cno）、课程名（c_name）、总成绩（total_score）。其中，总成绩按照“平时成绩*平时成绩比重+考试成绩*(1-平时成绩比重)”的公式计算。

（7）在 MySQL Workbench 或命令行环境下，创建学生成绩汇总视图 score_group_view，提供每位学生考试成绩最高的选课信息，要求显示的视图字段包括学生学号（s_no）、姓名（s_name）、课程号（c_cno）、课程名（c_name）、总成绩（total_score）。其中，总成绩按照“平时成绩*平时成绩比重+考试成绩*(1-平时成绩比重)”的公式计算。

（8）在 MySQL Workbench 或命令行环境下，通过视图 score_group_view，按考试成绩降序排列学生成绩汇总情况。

2．在 MySQL 中使用 MySQL Workbench 或 SQL 语句修改和删除视图

（1）使用 SQL 语句，查看 s_computer_view 视图的结构信息和状态信息。

（2）使用 SQL 语句，查看 s_female_view 视图的创建信息和元信息。

（3）在 MySQL Workbench 或命令行环境下，替换视图 s_female_view，替换后的视图提供 2003 年（含）后出生的女学生信息，具体显示的字段包括学生的学号（s_no）、姓名（s_name）、学生性别（s_sex）、出生日期（s_birthday）。

（4）在 MySQL Workbench 或命令行环境下，修改视图 sc_view，显示男学生选课情况，具体显示的字段包括学生学号（s_no）、姓名（s_name）、课程号（c_cno）、课程名（c_name）、总成绩(total_score)。其中，总成绩按照“平时成绩*平时成绩比重+考试成绩*(1-平时成绩比重)”的公式计算。

（5）在 MySQL Workbench 或命令行环境下，删除视图 s_female_view。

7.3.2 索引管理实验

一、实验目的

掌握在 MySQL 中使用 MySQL Workbench 或 SQL 语句创建和使用索引的方法（以 SQL 命令为重点）。

掌握在 MySQL 中使用 MySQL Workbench 或 SQL 语句查看和删除索引的方法（以 SQL 命令为重点）。

二、实验内容

根据第 4 章和第 5 章实验创建的学生成绩管理数据库及其中的学生表、课程表和学生成绩表完成以下实验内容，给出实验涉及的 SQL 语句。

1. 在 MySQL 中使用 MySQL Workbench 或 SQL 语句创建和使用索引

（1）在 MySQL Workbench 或命令行环境下，使用 CREATE INDEX 语句为课程表上的课程名称添加普通索引，索引名称自拟。

（2）在 MySQL Workbench 或命令行环境下，使用 EXPLAIN 语句分析查询“计算机图形学”课程信息时，索引的使用情况。

（3）在 MySQL Workbench 或命令行环境下，使用 ALTER TABLE 语句为学生表上的学生姓名和出生日期添加复合唯一索引，索引名称自拟。

（4）在 MySQL Workbench 或命令行环境下，使用 EXPLAIN 语句，分析查询学生表时，使用学生姓名为查询条件和使用出生日期为查询条件，在索引使用时的差异性。

2. 在 MySQL 中使用 MySQL Workbench 或 SQL 语句查看和删除索引

（1）在 MySQL Workbench 或命令行环境下，查看学生表上索引情况。

（2）在 MySQL Workbench 或命令行环境下，删除学生表上姓名和出生日期的复合唯一索引。

7.4 习题解答

7.4.1 教材习题解答

一、选择题

1. B。视图可以提高数据查询语句编写效率，索引可以提高数据检索效率。

2. B。A 选项，一般不可更新来自多个基本表的视图数据；C 选项，不使用 LOCAL 参数时不会检查父视图条件；D 选项，不可以对包含聚合函数的视图进行数据更新。

3. D。索引可以提高检索效率，但索引数量越多，索引的维护代价越大，因此需要控制索引的数量。

二、填空题

1. 普通索引；唯一索引；主键索引；全文索引；空间索引。

2. CREATE VIEW s_male_view AS SELECT * FROM s WHERE SEX='男';。

3. DROP VIEW s_male_view;。

4. CREATE INDEX cn_index ON c(cn);。

5. DROP INDEX cn_index;。

三、简答题

1. 视图的作用：提升数据操作的便捷性，提升数据的逻辑独立性，提升数据的安全性，数据集成。

2. 按照特征分：普通索引、唯一索引、主键索引、全文索引、空间索引。按照涉及的列数分：单列索引和复合索引。按照存储方式分：B-Tree 索引、Hash 索引。按照索引与数据物理存储方式分：聚集型索引、非聚集型索引。

7.4.2 典型习题解答

一、选择题

1. A。索引可以提高查询语句的效率。

2. A。视图为虚拟表，在视图的基础上只能构建新的视图，不能构建基本表。

3. A。B选项，唯一索引允许存在NULL值；C选项，可以删除唯一索引的值；D选项，在唯一索引基础上可以施加其他类型的索引。

二、填空题

1. B-Tree索引；Hash索引。

2. TEMPTABLE。

3. WITH CHECK OPTION。

三、简答题

1. B-Tree索引适合范围条件类型的索引，为MySQL数据库的默认索引方式。Hash索引适合固定值类型的索引，常用于等值判断类型的索引。

2. 由于视图是虚拟表，在更新视图数据时，如果视图依赖于多张基本表或视图构建时使用了聚合函数等，则无法在这类视图上更新数据。

3. 在列被查询频率较低、列中存在大量重复值、列的值被频繁更新、存在SELECT查询中参与计算的列等情况下，不适合建立索引。

4. 聚集型索引为实际物理存储数据使用的索引，即索引对应了数据的物理存储。非聚集型索引一般是为提高检索效率，根据查找需要构建的非存储使用的索引。对现有表中数据索引的逻辑结构。聚集型索引在更新数据时维护成本较高，非聚集型索引在更新数据时维护成本较低。

7.5 实验任务解答

7.5.1 视图管理实验

一、实验目的

掌握在MySQL中使用MySQL Workbench或SQL语句创建和查询视图的方法（以SQL命令为重点）。

掌握在MySQL中使用MySQL Workbench或SQL语句查看、修改和删除视图的方法（以SQL命令为重点）。

二、实验内容

1. 在MySQL中使用MySQL Workbench或SQL语句创建和查询视图

（1）在MySQL Workbench或命令行环境下，创建计算机专业的学生视图s_computer_view，视图包含学生表全部字段，SQL语句如下。

```
CREATE VIEW s_computer_view AS
    SELECT
```

```
        *
    FROM
        student;
```

（2）在 MySQL Workbench 或命令行环境下，查询 s_computer_view 中的内容，SQL 语句如下。

```
SELECT
    *
FROM
    s_computer_view;
```

（3）在 MySQL Workbench 或命令行环境下，创建 2002 年（含）后出生的女学生视图 s_female_view，视图显示学生的学号（s_no）、姓名（s_name）、学生性别（s_sex）、出生日期（s_birthday）以及学生的联系方式（s_contact），SQL 语句如下。

```
CREATE VIEW s_female_view (s_no, s_name, s_sex, s_birthday, s_contact) AS
    SELECT
        sno, sn, sex, birthday, phone
    FROM
        student
    WHERE
        birthday >= '2002-01-01' AND sex = '女';
```

（4）在 MySQL Workbench 或命令行环境下，通过视图 s_female_view，查询张姓学生的信息，SQL 语句如下。

```
SELECT
    *
FROM
    s_female_view
WHERE
    sex = '女' AND s_name LIKE '张%';
```

（5）在 MySQL Workbench 或命令行环境下，创建学生选课信息视图 sc_view，显示选修 3 学分（含）的学生的学号（s_no）、姓名（s_name）、课程号（c_cno）、课程名（c_name），SQL 语句如下。

```
CREATE VIEW 'sc_view' ('s_no', 's_name', 'c_cno', 'c_name') AS
    SELECT
       'student'.'sno' AS 'sno',
       'student'.'sn' AS 'sn',
       'sc'.'cno' AS 'cno',
       'course'.'cn' AS 'cn'
    FROM
       (('student'
          JOIN 'course')
          JOIN 'sc')
    WHERE
       (('student'.'sno' = 'sc'.'sno')
           AND ('sc'.'cno' = 'course'.'cno')
           AND ('course'.'credit' >= 3));
```

（6）在 MySQL Workbench 或命令行环境下，创建学生选课成绩视图 score_view，显示选修 3 学分的学生的学号（s_no）、姓名（s_name）、课程号（c_cno）、课程名（c_name）、总成绩（total_score）。其中，总成绩按照“平时成绩*平时成绩比重+考试成绩*(1-平时成绩比重)”的公式计算，SQL 语句如下。

```
CREATE VIEW score_view (s_no, s_name, c_cno, c_name, total_score) AS
    SELECT
        student.sno,
        student.sn,
        sc.cno,
        course.cn,
        common_score * common_ratio + (1 - common_ratio) * exam_score
    FROM
        (student
            INNER JOIN sc ON student.sno = sc.sno)
        INNER JOIN
        course
    WHERE
        sc.cno = course.cno;
```

（7）在 MySQL Workbench 或命令行环境下，创建学生成绩汇总视图 score_group_view，提供每位学生考试成绩最高的选课信息，要求显示的视图字段包括学生学号（s_no）、姓名（s_name）、课程号（c_cno）、课程名（c_name）、总成绩（total_score）。其中，总成绩按照“平时成绩*平时成绩比重+考试成绩*(1-平时成绩比重)”的公式计算，SQL 语句如下。

```
CREATE VIEW score_group_view (s_no, s_name, c_cno, c_name, total_score) AS
    SELECT
        student.sno,
        student.sn,
        sc.cno,
        course.cn,
        MAX(common_score * common_ratio + (1 - common_ratio) * exam_score)
    FROM
        (student
            INNER JOIN sc ON student.sno = sc.sno)
        INNER JOIN
        course
    WHERE
        sc.cno = course.cno
    GROUP BY sc.sno;
```

（8）在 MySQL Workbench 或命令行环境下，通过视图 score_group_view，按考试成绩降序排列学生成绩汇总情况，SQL 语句如下。

```
SELECT
    *
FROM
    score_group_view
ORDER BY total_score
```

2. 在 MySQL 中使用 MySQL Workbench 或 SQL 语句修改和删除视图

（1）使用 SQL 语句，查看 s_computer_view 视图的结构信息和状态信息，SQL 语句如下。

```
SELECT
    *
FROM
    information_schema.VIEWS
WHERE
    table_name = 's_computer_view';
```

（2）使用 SQL 语句，查看 s_female_view 视图的创建信息和元信息，SQL 语句如下。

```
desc s_female_view;
```

（3）在 MySQL Workbench 或命令行环境下，替换视图 s_female_view，替换后的视图提供 2003 年（含）后出生的女学生信息，具体显示的字段包括学生的学号（s_no）、姓名（s_name）、学生性别（s_sex）、出生日期（s_birthday），SQL 语句如下。

```
ALTER VIEW s_female_view (s_no, s_name, s_sex, s_birthday, s_contact) AS
    SELECT
        sno, sn, sex, birthday, phone
    FROM
        student
    WHERE
        birthday >= '2003-01-01' AND sex = '女';
```

（4）在 MySQL Workbench 或命令行环境下，修改视图 sc_view，显示男学生选课情况，具体显示的字段包括学生学号（s_no）、姓名（s_name）、课程号（c_cno）、课程名（c_name）、总成绩（total_score）。其中，总成绩按照“平时成绩*平时成绩比重+考试成绩*(1−平时成绩比重)”的公式计算，SQL 语句如下。

```
ALTER VIEW 'sc_view' ('s_no', 's_name', 'c_cno', 'c_name', 'total_score') AS
    SELECT
        'student'.'sno' AS 'sno',
        'student'.'sn' AS 'sn',
        'sc'.'cno' AS 'cno',
        'course'.'cn' AS 'cn',
        'common_score' * 'common_ratio' + (1 - 'common_ratio') * 'exam_score'
AS 'total_score'
    FROM
        (('student'
            JOIN 'course')
         JOIN 'sc')
    WHERE
        (('student'.'sno' = 'sc'.'sno')
            AND ('sc'.'cno' = 'course'.'cno')
            AND sex='男');
```

（5）在 MySQL Workbench 或命令行环境下，删除视图 s_female_view，SQL 语句如下。

```
DROP VIEW s_female_view;
```

7.5.2 索引管理实验

一、实验目的

掌握在 MySQL 中使用 MySQL Workbench 或 SQL 语句创建和使用索引的方法（以 SQL 命令为重点）。

掌握在 MySQL 中使用 MySQL Workbench 或 SQL 语句查看和删除索引的方法（以 SQL 命令为重点）。

二、实验内容

根据第 4 章和第 5 章实验创建的学生成绩管理数据库及其中的学生表、课程表和学生成绩表完成以下实验内容，给出实验涉及的 SQL 语句。

1. 在 MySQL 中使用 MySQL Workbench 或 SQL 语句创建和使用索引

（1）在 MySQL Workbench 或命令行环境下，使用 CREATE INDEX 语句为课程表上的课程名称添加普通索引，索引名称自拟，SQL 语句如下。

```
CREATE INDEX cn_index ON course(cn);
```

（2）在 MySQL Workbench 或命令行环境下，使用 EXPLAIN 语句分析查询“计算机图形学”课程信息时，索引的使用情况，SQL 语句如下。

```
EXPLAIN SELECT * FROM course WHERE cn='计算机图形学'
```

（3）在 MySQL Workbench 或命令行环境下，使用 ALTER TABLE 语句为学生表上的学生姓名和出生日期添加复合唯一索引，索引名称自拟，SQL 语句如下。

```
ALTER TABLE student ADD INDEX sn_birthday_index(sn, birthday);
```

（4）在 MySQL Workbench 或命令行环境下，使用 EXPLAIN 语句，分析查询学生表时，使用学生姓名为查询条件和使用出生日期为查询条件，在索引使用时的差异性，SQL 语句如下。

```
EXPLAIN SELECT * FROM student WHERE sn='张艳' AND birthday='2000-09-13';
```

2. 在 MySQL 中使用 MySQL Workbench 或 SQL 语句查看和删除索引

（1）在 MySQL Workbench 或命令行环境下，查看学生表上索引情况，SQL 语句如下。

```
SHOW KEYS FROM student;
```

（2）在 MySQL Workbench 或命令行环境下，删除学生表上姓名和出生日期的复合唯一索引，SQL 语句如下。

```
DROP INDEX sn-birthday_index;
```

第 8 章

数据库安全性管理

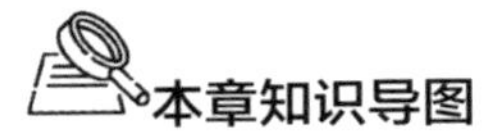

本章知识导图

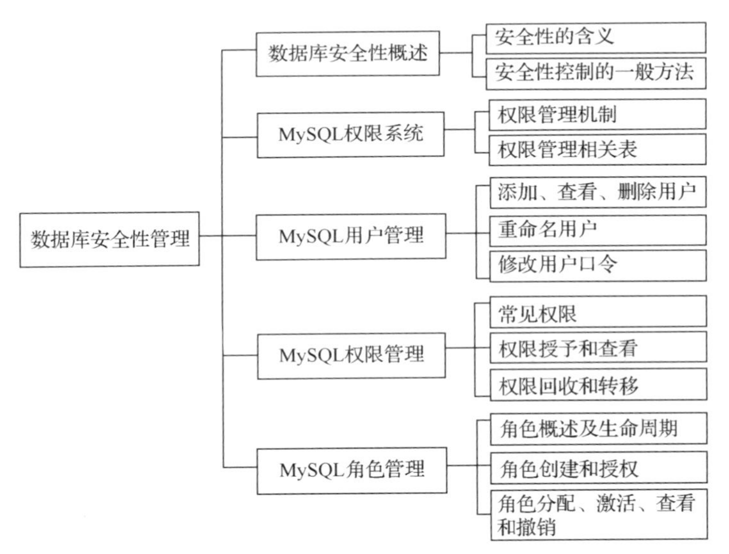

学习目标

- 理解数据库安全性的含义及数据库安全性控制方法。
- 能够根据数据库系统业务需求，使用 SQL 语句或 GUI 工具实现账户、权限和角色的创建与管理操作。

重难点

【重点】

- 数据库安全性控制的一般方法。

- MySQL 权限管理相关表中 mysal.user 表和其他表的关系。
- 使用 SQL 语句完成添加用户、查看用户和删除用户等操作。
- 使用 SQL 语句完成权限授予、回收和转移。
- 角色与权限的关系。
- 使用 SQL 语句完成角色的创建、授权和撤销操作。
- 使用 SQL 语句完成角色的分配及激活操作。

【难点】

- MySQL 的多层安全模型运行机制。
- mysql.user 表中关键字段的含义。
- MySQL 角色的生命周期。

8.1 核心知识点

8.1.1 数据库安全性控制的一般方法

数据库安全性控制模型包括以下内容。

（1）连接层次：用户登录，使用登录凭证完成认证。

（2）权限层次：权限管理，使用权限控制，确保合法用户在权限范围内使用数据。

（3）操作系统层次：文件权限，确保合法且有权限的用户在操作系统权限范围内合理使用文件系统。

（4）数据层次：数据加密，重点验证用户是否绕过 DBMS 授权机制直接读取数据库中数据。

（5）日志层次：安全审计，通过日志分析潜在风险或快速定位已经出现的安全问题。

8.1.2 MySQL 权限系统

1. 权限管理机制

用户登录验证：使用“用户名+口令+访问数据库的主机信息”构成验证凭证，验证用户的合法性。

用户权限检查：在验证用户合法性的基础上，检查用户的操作是否符合该用户被授予的权限。

权限管理层次：重点依次检查全局权限、数据库层级权限、表级权限和字段级权限，分别使用 mysql.user、mysql.db、mysql.tables_priv、mysql.columns_priv 表实现上述权限的分层管理和检查。

权限检查过程：当用户发起数据库操作请求时，依次按从大到小的顺序检查权限，首先在 mysql.user 表检查用户全局权限，如果通过则执行操作，否则检查数据库层级该用户是否具有操作权限，通过则执行，否则检查表和字段级权限，执行过程类似，即大权限中如果包含了用户操作的权限，则不再检查级别较小的权限。MySQL 权限检查过程如图 8-1 所示。

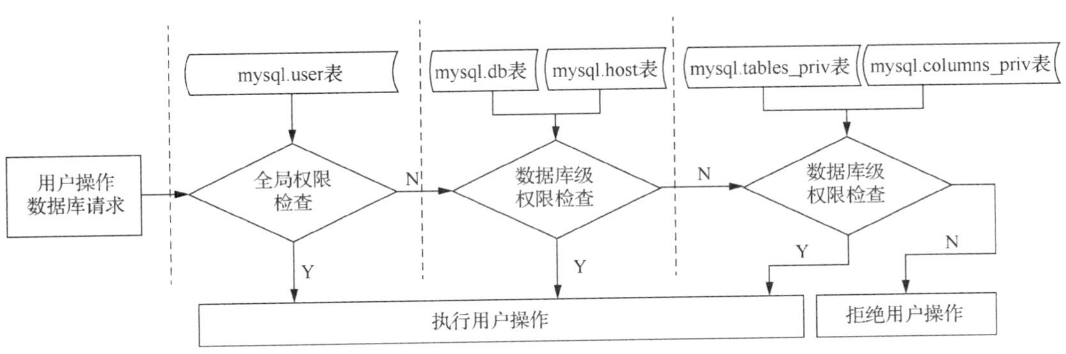

图 8-1　MySQL 权限检查过程

2. 权限管理表及关键字段

（1）全局权限表 mysql.user

mysql.user 表由用户身份验证相关字段、全局权限授予相关字段、用户安全连接认证配置字段集合和数据库资源使用约束字段集合组成。

用户身份验证相关字段包含用户登录的凭证信息，密码采用密文方式加密存储。

全局权限授予相关字段为('Y','N')枚举类型，N 为默认值，代表不具有相应权限。

（2）数据库级权限表 mysql.db 和表级权限表 mysql.tables_priv

mysql.db 表由用户信息相关字段和数据库级别授权相关字段组成。

用户信息相关字段与用户表中相关字段关联，代表一个用户在数据库级别的权限。

数据库级别授权相关字段为('Y','N')枚举类型，N 为默认值，代表不具有相应权限。

mysql.tables_priv 表的结构与 mysql.db 表的结构类似，表明数据表级别权限。

（3）字段级权限表 mysql.columns_priv

mysql.columns_priv 表由用户信息相关字段、授权信息相关字段和字段级别权限信息相关字段组成。

用户信息相关字段及其功能与 mysql.db 表的类似。

字段级别权限信息相关字段使用集合类型 SET('Select','Insert','Update','References')，表明用户对表中字段的操作权限。

8.1.3　MySQL 用户管理

1. 添加用户

（1）使用 CREATE USER 语句创建普通用户

使用 CREATE USER 语句可以一次创建多个用户，语法格式如下。

```
CREATE USER [IF NOT EXISTS] '用户名'[@'主机地址或标识']
[IDENTIFIED [WITH AUTH_PLUGIN] BY '用户口令' | RANDOM PASSWORD]
[WITH resource_option [resource_option] …]
[password_option];
```

相关说明如下。

① IDENTIFIED：通过 BY 关键字指明口令，并利用 WITH AUTH_PLUGIN 指定口令加密策略。

② [WITH resource_option [resource_option] …]：配置用户数据库资源使用约束，参数的

含义与 mysql.user 表内数据库资源使用约束参数含义相同，0 代表对数据库资源使用没有限制。

（2）使用系统表创建普通用户

使用 INSERT 语句可以在 mysql.user 表中添加用户信息，实现新用户创建。但是，在实际开发过程中，建议使用更为安全的 CREATE USER 语句来创建用户。

2. 查看用户信息

直接查询 mysql.user 表，可以查看用户信息，也可以利用 MySQL Workbench 等数据库管理工具协助查看。

3. 删除用户

（1）使用 DROP USER 语句删除用户

使用 DROP USER 语句可以一次删除多个用户，语法格式如下。

```
DROP USER '用户名'@'主机信息'[,'用户名'@'主机信息']…
```

删除用户时，注意与用户关联的库、表等储存对象的 DEFINER 属性。

（2）使用系统表删除用户

使用 DELETE 语句删除 mysql.user 表中记录，可实现用户删除。但是，在实际开发过程中，建议使用更为安全的 DROP USER 语句来删除用户。

4. 重命名用户

使用 RENAME USER 语句可以一次重命名多个用户，语法格式如下。

```
RENAME USER '原用户信息' TO '新用户信息'[,'原用户信息' TO '新用户信息']…
```

注意重命名用户会产生与删除用户类似的 DEFINER 属性问题。

5. 修改用户口令

（1）使用 mysqladmin 命令修改用户口令

在命令行中，使用 mysqladmin 命令修改用户口令，语法格式如下。

```
mysqladmin -u 用户名 p password
```

（2）使用 SET PASSWORD 语句修改用户口令

语法格式如下。

```
SET PASSWORD [FOR '用户名'@'主机信息']='新密码';
```

MySQL 8 中已经删除了 password 函数，用户可直接使用密码明文修改，MySQL 会根据密码加密方法，对明文加密后，将密文存储在 mysql.user 表对应用户的 Authentication_string 中。

（3）使用 ALTER USER 语句修改用户口令

语法格式如下。

```
ALTER USER '用户名'@'主机信息' IDENTIFIED BY '新密码';
```

（4）使用系统表 mysql.user 修改用户口令

使用 UPDATE 语句，修改系统表 mysql.user 中记录的 Authentication_string 字段可以更新用户密码。在实际开发过程中，不建议使用该方法。

8.1.4 MySQL 权限管理

1. 常见权限

MySQL 权限类型包括管理权限、数据库权限、数据库对象权限、函数或存储过程权限。

管理权限与用户管理和服务器管理相关，为全局权限。

数据库权限与数据库、存储过程、临时表的创建和删除有关。

数据库对象权限与数据表、视图、索引等数据库对象的创建和删除等操作有关。

2. MySQL 权限管理操作

（1）权限授予

GRANT 语句可以一次为多个用户授予权限，MySQL 8 不允许为不存在用户授权，所以不能使用 GRANT 语句达到授权同时创建用户的目的，必须先创建用户，然后才能授权。使用 GRANT 语句授权的语法格式如下。

```
GRANT 权限名称[(字段列表)][,权限名称[(字段列表)]]…
ON 授权级别及对象
TO '用户名'@'主机信息'[,'用户名'@'主机信息']…
[WITH GRANT OPTION];
```

关键参数的含义如下。

① ON 子句：指明授权级别及对象。*.*为服务器级别权限（全局权限）；db_name.* 为数据库级别权限；db_name.table_name 为表或列级别权限；mysql.tables_priv 授予表级别权限。

② WITH GRANT OPTION：可选参数，该参数表明授权后的用户可以将当前权限继续授予其他用户。

（2）权限查看

使用 SHOW GRANTS 语句查看权限需要具有 mysql 系统数据库的 SELECT 权限，其语法格式如下。

```
SHOW GRANTS FOR '用户名'@'主机信息';
```

（3）权限回收

使用 REVOKE 语句可以一次回收用户多个已经授予的权限，语法格式如下。

```
REVOKE 权限名称[(字段列表)][,权限名称[(字段列表)]]…
ON 回收权限级别及对象
FROM '用户名'@'主机信息'[,'用户名'@'主机信息']…;
```

（4）权限转移

使用 GRANT 语句可以将用户拥有的权限转移给其他用户。

8.1.5 MySQL 角色管理

1. 角色的内涵

将一系列权限集中在一起构成角色（Role）。不同的角色代表不同权限集合。

MySQL 8 及后续版本允许使用角色授权，用户和角色间是多对多的关系。

2. 角色的生命周期

角色的生命周期包括创建角色、为角色授权、将角色分配给用户、用户角色激活、角色撤销。

3. 角色创建及授权

使用 CREATE ROLE 语句可以一次创建多个角色，语法格式如下。

```
CREATE ROLE '角色名称'@'主机信息'[,'角色名称'@'主机信息']…;
```

使用 GRANT 语句可以将角色包含的权限赋予角色，语法格式与权限授予的语法格式类似。

4. 角色分配及激活

使用 GRANT 语句可以为用户分配角色，语法格式与权限授予的语法格式类似。

使用 SET DEFAULT ROLE 语句可使角色生效。

5. 角色查看及撤销

使用 SELECT CURRENT_ROLE();可以查看当前用户的生效角色。

使用 REVOKE 语句可以回收已经分配给各用户的角色。

使用 DROP ROLE 语句可以删除角色。

8.2 典型习题

一、选择题

1. 在 MySQL 中，使用（　　）语句可以回收用户权限。

A. REVOKE　　B. GRANT　　C. INSERT　　D. CREATE

2. 回收系统中用户 zhangsan 对表 course 的 UPDATE 权限，正确的 SQL 语句是（　　）。

A. REVOKE UPDATE ON course FROM zhangsan'@'localhost';

B. REVOKE UPDATE TO course FROM zhangsan'@'localhost';

C. REVOKE 'zhangsan' @ 'localhost' ON UPDATE FROM course;

D. REVOKE 'zhangsan' @ 'localhost' ON UPDATE TO course;

3. 下列有关 MySQL 权限的说法错误的是（　　）。

A. MySQL 权限是分层管理的

B. MySQL 数据库的权限可以覆盖数据表中同样权限

C. MySQL 8 引入了角色的权限

D. MySQL 中授权后的用户可以将权限任意转移给其他用户

二、填空题

1. MySQL 权限管理中负责用户登录凭证和全局权限的系统表为________。

2. 在 MySQL 中，授予 education 数据库级别上所有表的权限，在 GRANT 语句后的标识为________。

3. 回收系统用户 lisi 全局 UPDATE 和 DELETE 权限的语句为________。

4. 删除本地用户 lisi 的语句为________。

5. 授予 zhang 用户全局权限 SELECT 并允许其转移该权限的语句为________。

三、简答题

1. 简述 MySQL 权限检查的过程。

2. 简述 MySQL 角色和权限的关系。

3. 简述 MySQL 创建用户的 3 种方式并指出建议方式。

8.3 实验任务

用户安全性管理实验

一、实验目的

掌握在 MySQL 中使用 MySQL Workbench 或 SQL 语句管理用户的方法（以 SQL 命令为重点）。

掌握在 MySQL 中使用 MySQL Workbench 或 SQL 语句授予和回收权限的方法（以 SQL 命令为重点）。

掌握在 MySQL 中使用 SQL 语句创建、分配和激活角色的方法（以 SQL 命令为重点）。

二、实验内容

根据第 4 章和第 5 章实验创建的学生成绩管理数据库，给出以下实验涉及的 SQL 语句。

1. 在 MySQL 中使用 MySQL Workbench 或 SQL 语句管理用户

（1）在 MySQL Workbench 或命令行环境下，创建一个允许在任意主机登录的用户，用户名为 admin，密码为 admin123，使用默认策略加密。

（2）使用 SQL 语句，创建一个允许在本地登录的用户，用户名为 teacher，密码为 teacher123，使用默认策略加密。

（3）使用 SQL 语句，同时创建两个允许用“202.204.111.111”IP 地址登录的用户，用户 1 名为 student，密码为 student123，用户 2 名为 student2，密码为 student1233，两个用户均使用默认策略加密。

（4）使用 SQL 语句，将用户名为 student 的用户密码修改为 123student。

（5）使用 SQL 语句，用查询语句查询系统表，查看已经创建的用户情况。

（6）使用 SQL 语句，删除 student2 用户，并通过查询系统表，查看已经删除用户的情况。

2. 在 MySQL 中使用 MySQL Workbench 或 SQL 语句授予和回收权限

（1）使用 SQL 语句，为 admin 用户授予全局权限，并允许权限转移。

（2）使用 MySQL Workbench，为 teacher 用户授予 education_lab 数据库中课程表和成绩表的查找、修改数据权限，不允许权限转移。

（3）使用 SQL 语句，为 student 用户授予 education_lab 数据库中学生表的出生日期和联系方式的查询和修改权限。

（4）使用 SQL 语句，查询系统数据表，查看 student 用户和 teacher 用户的授权情况。

（5）使用 SQL 语句，回收 teacher 用户有关 education_lab 数据库中课程表的修改数据权限。

3. 在 MySQL 中使用 SQL 语句创建、分配和激活角色

（1）使用 SQL 语句，创建 teach 角色。

（2）使用 SQL 语句，为 teach 角色授予 education_lab 数据库中课程表的平时分数和考试成绩的查询数据、修改数据权限。

（3）使用 SQL 语句，将 teach 角色分配给 teacher 用户。

（4）使用 SQL 语句，激活 teacher 用户的 teach 角色。

（5）使用 SQL 语句，查看 teacher 用户当前活跃的角色情况。

（6）使用 SQL 语句，删除 teach 角色。

8.4 习题解答

8.4.1 教材习题解答

一、选择题

1. B。使用 GRANT 语句可以为用户授权。
2. D。MySQL 的 mysql.user 表中通常使用密文存储密码或口令信息。
3. C。角色授予用户后，需要激活方可使用。

二、填空题

1. 服务器级别（全局级别）；数据库级别；表级别；字段级别；存储过程或函数级别。
2. CREATE USER 'user1'@'localhost' IDENTIFY BY sha('123456');。
3. SET PASSWORD FOR 'user1'@'localhost'='654321';。
4. GRANT SELECT,UPDATE ON *.* TO 'user1'@'localhost';。
5. CREATE ROLE 'role1';GRANT SELECT ON teaching.* TO 'role1';。

三、简答题

1. 修改用户口令的方法：使用 mysqladmin 命令、SET PASSWORD 语句、ALTER USER 语句、系统表和 MySQL Workbench 修改用户口令。

2. 角色的生命周期：创建角色、为角色授权、将角色分配给用户、用户角色激活、角色撤销。

3. MySQL 权限管理的关键表有：全局权限表 mysql.user、数据库级权限表 mysql.db、表级权限表 mysql.tables_priv、字段级权限表 mysql.columns_priv 和存储过程或函数级权限表 mysql.procs_priv。

8.4.2 典型习题解答

一、选择题

1. A。使用 REVOKE 语句可以回收用户权限。

2. A。REVOKE 语句的大体结构为：REVOKE 权限名称 ON 回收权限对象 FROM '用户名' @ '主机信息'。

3. D。MySQL 权限授予用户后，如果分配时设置了 WITH GRANT OPTION 参数，则允许用户将权限转移给其他用户，否则不允许进行权限转移。

二、填空题

1. mysql.user。
2. education.*。

3. REVOKE UPDATE, DELETE ON *.* FROM 'lisi'@'localhost';。

4. DROP USER 'lisi'@localhost';。

5. GRANT SELECT ON *.* TO 'zhang'@'localhost' WITH GRANT OPTION;。

三、简答题

1. MySQL 使用分层权限控制，当用户发起数据库操作请求时，首先判断用户是否具有全局权限，如果具有全局权限，则允许执行，不再检查后续权限；否则检查是否具有数据库层级操作相关的权限，如果具有则允许执行，不再检查后续权限；否则继续检查数据表和字段层级相关权限，检查方式相同。

2. 角色是权限的集合，在授权过程中，通常将权限整合成角色，然后将角色统一授予用户，方便权限的授予和回收。

3. 在 MySQL 中可以使用 CREATE USER 语句来创建用户，也可以直接向 mysql.user 表中添加一条用户记录来创建用户，还可以通过 MySQL Workbench 等工具来添加用户。从安全性角度出发，建议使用 CREATE USER 语句来创建用户。

8.5 实验任务解答

用户安全性管理实验

一、实验目的

掌握在 MySQL 中使用 MySQL Workbench 或 SQL 语句管理用户的方法（以 SQL 命令为重点）。

掌握在 MySQL 中使用 MySQL Workbench 或 SQL 语句授予和回收权限的方法(以 SQL 命令为重点)。

掌握在 MySQL 中使用 SQL 语句创建、分配和激活角色的方法（以 SQL 命令为重点）。

二、实验内容

1. 在 MySQL 中使用 MySQL Workbench 或 SQL 语句管理用户

（1）在 MySQL Workbench 或命令行环境下，创建一个允许在任意主机登录的用户，用户名为 admin，密码为 admin123，使用默认策略加密。SQL 语句如下。

```
CREATE USER 'admin' @ '%' IDENTIFIED BY 'admin123' ;
```

（2）使用 SQL 语句，创建一个允许在本地登录的用户，用户名为 teacher，密码为 teacher123，使用默认策略加密。SQL 语句如下。

```
CREATE USER 'teacher' @ 'localhost' IDENTIFIED BY 'teacher123' ;
```

（3）使用 SQL 语句，同时创建两个允许用“202.204.111.111”IP 地址登录的用户，用户 1 名为 student，密码为 student123，用户 2 名为 student2，密码为 student1233，两个用户均使用默认策略加密。SQL 语句如下。

```
CREATE USER 'student' @ '202.204.111.111' IDENTIFIED BY 'student123',
'student2' @ '202.204.111.111' IDENTIFIED BY 'student1233' ;
```

（4）使用 SQL 语句，将用户名为 student 的用户密码修改为 123student。SQL 语句如下。

```
SET PASSWORD FOR 'student' @ '202.204.111.111' = '123student' ;
```

（5）使用 SQL 语句，用查询语句查询系统表，查看已经创建的用户情况。SQL 语句如下。

```
USE mysql ;
SELECT * FROM user ;
```

（6）使用 SQL 语句，删除 student2 用户，并通过查询系统表，查看已经删除用户的情况。SQL 语句如下。

```
DROP USER 'student2' @ '202.204.111.111' ;
SELECT * FROM user ;
```

2. 在 MySQL 中使用 MySQL Workbench 或 SQL 语句授予和回收权限

（1）使用 SQL 语句，为 admin 用户授予全局权限，并允许权限转移。SQL 语句如下。

```
GRANT ALL PRIVILEGES ON *.* TO 'admin' @ '%' WITH GRANT OPTION ;
```

（2）使用 MySQL Workbench，为 teacher 用户授予 education_lab 数据库中课程表和成绩表的查找、修改数据权限，不允许权限转移。SQL 语句如下。

```
GRANT SELECT,UPDATE ON course TO 'student' @ '202.204.111.111' ;
GRANT SELECT,UPDATE ON sc TO 'student' @ '202.204.111.111' ;
```

（3）使用 SQL 语句，为 student 用户授予 education_lab 数据库中学生表的出生日期和联系方式的查询和修改权限。SQL 语句如下。

```
GRANT SELECT(birthday, phone),UPDATE(birthday, phone) ON student TO 'student'
@ '202.204.111.111' ;
```

（4）使用 SQL 语句，查询系统数据表，查看 student 用户和 teacher 用户的授权情况。SQL 语句如下。

```
SHOW GRANTS FOR 'student' @ '202.204.111.111' ;
SHOW GRANTS FOR 'teacher' @ 'localhost' ;
```

（5）使用 SQL 语句，回收 teacher 用户有关 education_lab 数据库中课程表的修改数据权限。SQL 语句如下。

```
REVOKE UPDATE ON course FROM 'teacher'@'localhost';
```

3. 在 MySQL 中使用 SQL 语句创建、分配和激活角色

（1）使用 SQL 语句，创建 teach 角色。SQL 语句如下。

```
CREATE ROLE 'teach';
```

（2）使用 SQL 语句，为 teach 角色授予 education_lab 数据库中课程表的平时分数和考试成绩的查询数据、修改数据权限。SQL 语句如下。

```
GRANT SELECT(r_grade, c_grade), UPDATE(r_grade, c_grade) ON education_lab.sc
TO 'teach';
```

（3）使用 SQL 语句，将 teach 角色分配给 teacher 用户。SQL 语句如下。

```
GRANT 'teach' TO 'teacher';
```

（4）使用 SQL 语句，激活 teacher 用户的 teach 角色。SQL 语句如下。

```
SET DEFAULT ROLE 'teach' TO 'teacher';
```

（5）使用 SQL 语句，查看 teacher 用户当前活跃的角色情况。SQL 语句如下。

```
SELECT CURRENT_ROLE();
```

（6）使用 SQL 语句，删除 teach 角色。SQL 语句如下。

```
DROP ROLE 'teach';
```

第 9 章
数据库并发控制与封锁

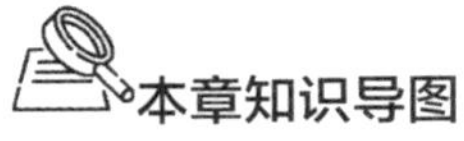

本章知识导图

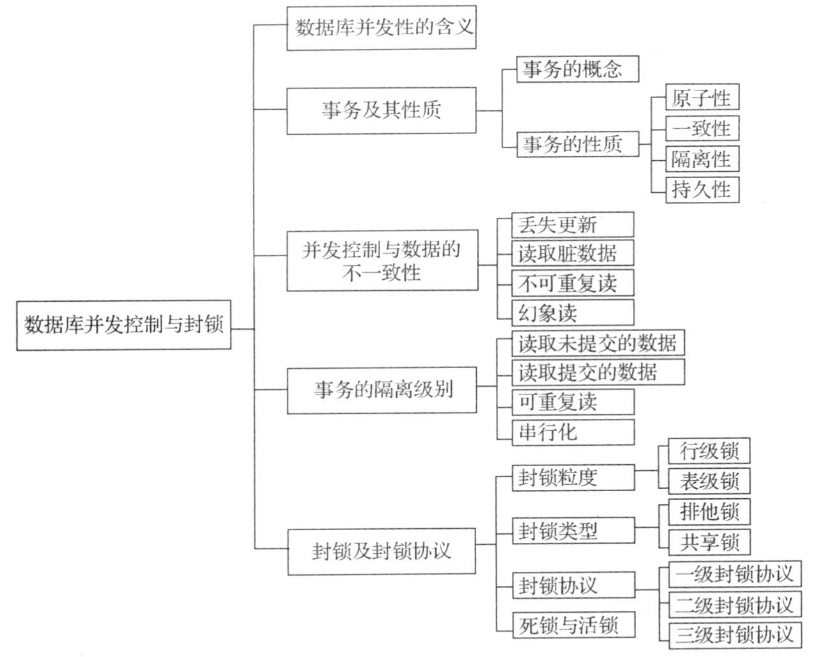

学习目标

- 理解事务的概念、事务的性质和事务的隔离级别。
- 明确事务并发操作会导致数据不一致性问题，并能够区别 4 种数据不一致性问题。
- 理解封锁与封锁协议，并能够将封锁协议与 4 种数据不一致性问题对应。

重难点

【重点】

- 事务的性质。
- 数据库并发控制的含义。
- 数据的不一致性。
- 封锁类型。
- 封锁协议。

【难点】

- 事务的不同隔离级别对数据不一致性问题的避免情况。
- 3个级别的封锁协议与4种数据不一致性问题的对应关系。
- 能够根据实际需要进行封锁协议的设置，并有效避免相应的数据不一致性问题。

9.1 核心知识点

9.1.1 数据库并发性的含义

多个用户并行地存取数据，可以充分提高系统的执行效率，最大限度地利用数据库，这就是数据库的并发性。

数据库的并发性及并发控制机制是衡量数据库系统性能的重要指标。

9.1.2 事务及其性质

1. 事务的概念、MySQL支持的事务模式和常用的语法格式

（1）事务的概念

数据库事务由一系列数据库访问、更新操作组成，这些操作要么全部执行，要么全部不执行，是一个不可分割的逻辑工作单元。

事务执行的结果是使数据库从一种一致性状态转变到另一种一致性状态。

构成事务的所有操作，要么全都对数据库产生影响，要么全都不产生影响，即不管事务是否执行成功，用户看到的数据总能保持一致性。

以上即使在数据库出现故障或并发事务存在的情况下仍然成立。

（2）MySQL支持的事务模式

MySQL支持的事务模式包括自动提交事务、显式事务、隐式事务和适合多服务器系统的分布式事务。

显式事务和隐式事务属于用户定义的事务。

（3）常用的语法格式

```
START TRANSACTION
COMMIT
ROLLBACK;
```

相关说明如下。

① START TRANSACTION：事务启动。

② COMMIT：提交所执行的所有操作，标志一个事务的结束。

③ ROLLBACK：回滚语句。

2. 事务的性质

（1）原子性

原子性（Atomicity）意指事务中的所有操作作为一个整体，像原子一样不可分割。

（2）一致性

一致性（Consistency）指数据库始终保持一致性，事务的执行结果必须使数据库从一种一致性状态转变到另一种一致性状态。

（3）隔离性

隔离性（Isolation）指并发执行的事务之间不会相互影响。

（4）持久性

持久性（Durability）指一个事务一旦被提交，那么对数据库中数据的改变就是永久性的，即使在数据库出现故障的情况下，也不会丢失提交事务的操作。

9.1.3 并发控制与数据的不一致性

数据库管理系统的并发控制机制能够合理调度并发事务，避免并发事务之间互相干扰造成数据的不一致性。

1. 丢失更新

事务 T_1 和 T_2 读入同一数据，并发执行修改操作时，T_2 将 T_1 对数据的已修改结果覆盖，导致这些修改好像丢失了一样，从而造成数据的不一致，这种并发性问题称为丢失更新（Lost Update）。

2. 读取脏数据

读取脏数据（Dirty Read）是指一个事务读取了另一个事务未提交的数据。

3. 不可重复读

不可重复读（Unrepeatable Read）是指一个事务对同一数据的读取结果前后不一致，这是由于在两次查询期间该数据被另一个事务修改并提交。

4. 幻象读

幻象读（Phantom Read）指当用相同的条件查询记录时，记录个数忽多忽少，有一种“幻象”的感觉。原因在于在两次查询间隔中，有并发的事务在对相同的表做插入或删除操作。

幻象读和不可重复读都是读取了另一个事务已经提交的数据，这点与读取脏数据不同。但二者的区别在于，前者针对不确定的多行数据，而后者针对确定的某一行数据，因而幻象读通常出现在带有查询条件的范围查询中。

9.1.4 事务的隔离级别

SQL 标准定义了 4 种隔离级别：读取未提交的数据（READ UNCOMMITTED）、读取提交的数据（READ COMMITTED）、可重复读（REPEATABLE READ）以及串行化

（SERIALIZABLE）。4 种隔离级别从低至高。事务的隔离级别越低，可能出现的并发异常越多。

（1）读取未提交的数据

读取未提交的数据是最低隔离级别。设置该隔离级别的语法格式如下。

```
SET [GLOBAL|SESSION] TRANSACTION ISOLATION LEVEL READ UNCOMMITTED;
```

该隔离级别最低，无法避免读取脏数据、不可重复读和幻象读。

（2）读取提交的数据

该隔离级别下的事务只能读取其他事务已经提交的数据，满足了隔离性的简单定义。设置该隔离级别的语法格式如下。

```
SET [GLOBAL|SESSION] TRANSACTION ISOLATION LEVEL READ COMMITTED;
```

当把事务的隔离级别设置为读取提交的数据时，可以避免读取脏数据，但不可避免不可重复读和幻象读。

（3）可重复读

可重复读是 MySQL 默认的隔离级别，其能确保同一事务内执行相同的查询语句时，读取的结果是一致的。设置该隔离级别的语法格式如下。

```
SET [GLOBAL|SESSION] TRANSACTION ISOLATION LEVEL REPEATABLE READ;
```

可重复读隔离级别有效避免了不可重复读的问题，但仅针对同行数据，如果其他事务对多行数据进行增加，将会出现幻象读的问题。

（4）串行化

串行化的隔离级别最高，通过强制事务排序，使事务之间不可能相互冲突。设置该隔离级别的语法格式如下。

```
SET [GLOBAL|SESSION] TRANSACTION ISOLATION LEVEL SERIALIZABLE;
```

该隔离级别下，用户之间一个接一个顺序地执行当前事务，从而解决幻象读问题，但是可能导致大量的等待现象。

4 种隔离级别及其能够避免的事务并发异常问题如表 9-1 所示。

表 9-1　4 种隔离级别及其能够避免的事务并发异常问题

隔离级别	丢失更新	读取脏数据	不可重复读	幻象读
读取未提交的数据				
读取提交的数据		√		
可重复读	√	√	√	
串行化	√	√	√	√

9.1.5　封锁及封锁协议

1. 封锁的定义及封锁粒度

（1）封锁的定义

封锁是一种用来防止多个事务同时访问数据而产生问题的机制。

（2）封锁粒度

封锁的数据库对象的大小称为封锁粒度。

MySQL提供了两种封锁粒度：行级锁和表级锁。

① 行级锁

只有正在使用的行是锁定的，表中的其他行对于其他事务都是可用的。

优点：锁定粒度小，发生锁冲突的概率低，并发程度高。

缺点：开销大，加锁慢；会出现死锁。

② 表级锁

整个表被锁定。根据锁定的类型，其他事务不能向表中插入记录，甚至读取数据也受到限制。

优点：开销小，加锁快；不会出现死锁。

缺点：锁定粒度大，发生锁冲突的概率高，并发程度低。

2. 封锁类型

封锁分为排他锁和共享锁两种。

（1）排他锁

排他锁，简称X锁，又称独占锁或写锁。

一个事务对数据对象A加了X锁，那么该事务可以对A进行读和写，但其加锁期间其他事务不能对A加任何锁，直到X锁释放。

（2）共享锁

共享锁，简称S锁，又称读锁。

一个事务对数据对象A加了S锁，那么该事务可以对A进行读操作，但不能进行写操作，同时在其加锁期间其他事务能对A加S锁，但不能加X锁，直到S锁释放。

3. 封锁和解锁的语法格式

```
LOCK TABLES tbl_name {READ|WRITE},[tbl_name {READ|WRITE},…]
UNLOCK TABLES;
```

其中，READ表示加读锁（共享锁），WRITE表示加写锁（排他锁）。

4. 封锁协议

在封锁时约定的规则，如何时申请封锁、申请何种锁、持锁时间、何时释放等，被称为封锁协议（Locking Protocol）。

对封锁方式规定不同的规则，就形成了各种不同的封锁协议。

（1）一级封锁协议

① 规则

事务T在修改数据*R*时必须先对其加X锁，直到事务结束才能释放锁。

② 特性

一级封锁协议可以解决丢失更新问题。

一级封锁协议能保证事务T是可恢复的。

一级封锁协议不能保证可重复读和不读脏数据。

（2）二级封锁协议

① 规则

二级封锁协议是在一级封锁协议的基础上，另外加上事务T在读取数据*R*之前，必须先对其加 S 锁，读完后释放 S 锁。

② 特性

二级封锁协议可防止丢失更新，还可以进一步防止读脏数据。

二级封锁协议不能保证可重复读。

（3）三级封锁协议

① 规则

三级封锁协议是在一级封锁协议的基础上，另外加上事务 T 在读取数据 *R* 之前，必须先对其加 S 锁，读完后并不释放 S 锁，而直到事务 T 结束才释放。

② 特性

三级封锁协议可以防止丢失更新和不读脏数据，还可以进一步防止不可重复读。

5. 死锁与活锁

（1）死锁

① 死锁的定义

死锁（Dead Lock）是指两个或更多的事务同时处于等待状态，每个事务都在等待其中另一个事务解除封锁，它才能继续执行下去，结果造成任何一个事务都无法继续执行。

② 产生死锁的必要条件

互斥条件：事务在某一时间内独占资源，其他事务无法对资源进行操作。

请求与保持条件：事务因请求资源而阻塞时，对已获得的资源保持不放，导致该事务与其他事务都无法继续执行。

不剥夺条件：事务在获得资源后，如若事务没有解锁，则其他事务不能强行剥夺。

循环等待条件：多个事务之间形成一种头尾相接的循环等待资源关系，互相牵制。

③ 避免死锁的常用办法

顺序加锁法。

事务如需要更新记录，应该直接申请足够级别的锁，即排他锁，而不应先申请共享锁。

一次加锁法。

④ 死锁的诊断与解除

判断死锁的方法有超时法和等待图法。

超时法：当两个事务互相等待的时间超过设置的某一阈值时，则判断形成了死锁，此时对其中一个事务进行回滚，则另一个等待的事务就能继续进行。

等待图法：如果事务 T_1 等待事务 T_2 所占用的资源，那么由 T_1 向 T_2 画一箭头；若事务 T_2 等待事务 T_1 所占用的资源，那么由 T_2 向 T_1 画一箭头，此时发现事务 T_1、T_2 互相等待造成了回路，即可判断发生了死锁。

（2）活锁

① 活锁的定义

活锁（Live Lock）是指由于其他事务的封锁操作使某个事务永远处于等待状态，得不到继续操作的机会。

② 活锁的解除

采用先来先服务的策略，按照请求封锁的次序对事务进行排队。

9.2 典型习题

一、选择题

1. 解决并发性带来的数据不一致性问题普遍采用的机制是（　　）。

A. 存取控制　　B. 恢复　　C. 协商　　D. 封锁

2.（　　）可以防止丢失更新、读取脏数据和不可重复读。

A. 一级封锁协议　　B. 二级封锁协议　　C. 三级封锁协议　　D. 零级封锁协议

3. 事务并发执行不会相互影响的性质是事务的（　　）。

A. 原子性　　B. 一致性　　C. 隔离性　　D. 持久性

二、填空题

1. 用户对数据的并发操作会产生干扰，使数据库发生错误。其中干扰现象包括__________、__________、__________、__________。

2. SQL 标准定义的 4 种隔离级别分别是__________、__________、__________、__________。

3. MySQL 提供了两种封锁粒度：__________和__________。

三、简答题

1. 请列举 4 种隔离级别及其能够避免的事务并发异常问题。

2. 请简述行级锁和表级锁各自的特点。

9.3 习题解答

9.3.1 教材习题解答

一、选择题

1. A。原子性指事务所有的操作均为一个逻辑整体，在操作时不可分割，要么全部执行，要么全不执行。

2. D。D 选项，SERIALIZABLE 指串行化，隔离级别最高，通过强制事务排序，使事务之间不可能相互冲突。A 选项，READ UNCOMMITTED 是最低隔离级别；B 选项，READ COMMITTED 可以避免读取脏数据；C 选项，REPEATABLE READ 可以避免丢失更新、读取脏数据和不可重复读。

3. D。MySQL 的事务具备 ACID 特征，即原子性、一致性、隔离性和持续性，不具备共享性。

4. A。死锁是指两个或更多的事务同时处于等待状态，每个事务都在等待其中另一个事务解除封锁，结果造成任何一个事务都无法继续执行。所以并发控制是发生死锁的原因，选项 A 正确。

5. D。排他锁又称 X 锁，排他锁规定：一个事务对数据对象 A 加了 X 锁，那么该事务可以对 A 进行读和写，但其加锁期间其他事务不能对 A 加任何锁，直到 X 锁释放。由规定可知，加排他锁和共享锁都失败，故选项 D 正确。

二、填空题

1. 可重复读（REPEATABLE READ）。

2. 行级锁；表级锁。

3. 死锁。

三、简答题

1. 事务并发操作如果不加以适当控制，可能会存储不正确的数据，产生数据不一致性问题，包括丢失更新、读取脏数据、不可重复读和幻象读。

丢失更新：并发事务同时读取数据，但在修改数据的过程中，某一事务丢失了其他事务已经读数据进行的修改。

读取脏数据：并发事务中的某一事务读取了其他事务尚未提交的数据。

不可重复读：事务在两次读取间隔中，其他并发事务对数据进行了修改，导致该事务检验数据时，两次读取数据不一致。

幻象读：事务在两次查询间隔中，有并发的事务在对相同的表做插入或删除操作，所以当该事务用相同的条件查询记录时，记录个数忽多忽少，有一种“幻象”的感觉。

2. 死锁的含义：两个或更多的事务同时处于等待状态，每个事务都在等待其中另一个事务解除封锁，它才能继续执行下去，结果造成任何一个事务都无法继续执行。

死锁发生的必要条件包括以下几点。

（1）互斥条件：事务在某一时间内独占资源，其他事务无法对资源进行操作。

（2）请求与保持条件：事务因请求资源而阻塞时，对已获得的资源保持不放，导致该事务与其他事务都无法继续执行。

（3）不剥夺条件：事务在获得资源后，如若事务没有解锁，则其他事务不能强行剥夺。

（4）循环等待条件：多个事务之间形成一种头尾相接的循环等待资源关系，互相牵制。

避免死锁发生的方法如下。

（1）一次加锁法：在设计阶段规定为了完成一个事务，一次性封锁所需要的全部表。

（2）顺序加锁法：在设计阶段规定所有的事务都按相同的顺序来封锁。

（3）事务如需要更新记录，应该直接申请足够级别的锁，即排他锁，而不应先申请共享锁。

3. 一级封锁协议：事务 T 在修改数据 R 时必须先对其加 X 锁，直到事务结束才能释放锁。其可以避免丢失更新。

二级封锁协议：在一级封锁协议的基础上，另外加上事务 T 在读取数据 R 之前，必须先对其加 S 锁，读完后释放 S 锁。其可以避免丢失更新、读取脏数据。

三级封锁协议：在一级封锁协议的基础上，另外加上事务 T 在读取数据 R 之前，必须先对其加 S 锁，读完后并不释放 S 锁，而直到事务 T 结束才释放。其可以避免丢失更新、读取脏数据、不可重复读和幻象读。

9.3.2 典型习题解答

一、选择题

1. D。封锁是一种用来防止多个事务同时访问数据而产生问题的机制，能够有效解决并发性带来的数据不一致性问题。

2. C。一级封锁协议可以防止丢失更新；二级封锁协议可以防止丢失更新，还可以进一步防止读取脏数据；三级封锁协议可以防止丢失更新和读取脏数据，还可以进一步防止不可重复读。

3. C。事务的隔离性指并发执行的事务之间不会相互影响。

二、填空题

1. 丢失更新；读取脏数据；不可重复读；幻象读。

2. 读取未提交的数据；读取提交的数据；可重复读；串行化。

3. 行级锁；表级锁。

三、简答题

1. 读取未提交的数据是最低的隔离级别；读取提交的数据能够避免读取脏数据；可重复读不仅可以防止丢失更新和读取脏数据，还可以避免不可重复读；串行化可以防止丢失更新、读取脏数据、不可重复读和幻象读。

2. 行级锁指只有正在使用的行是锁定的，表中的其他行对于其他事务都是可用的。其特点是开销大、加锁慢，而且会出现死锁。但是其锁定粒度小，发生锁冲突的概率低，并发程度高。

表级锁指整个表被锁定，其他事务不能向表中插入记录，读取数据也受到限制。其特点是开销小、加锁快，不会出现死锁。但是其锁定粒度大，发生锁冲突的概率高，并发程度低。

第 10 章 数据库备份还原和日志管理

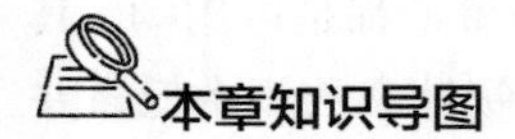

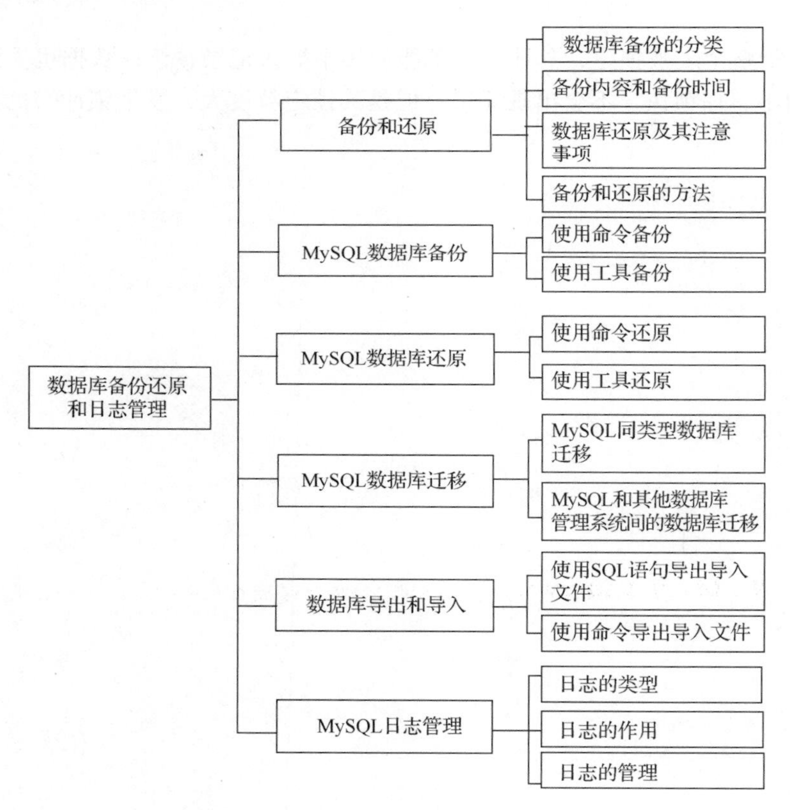

学习目标

- 了解数据库备份和数据库还原的基本概念。
- 了解日志的作用以及日志的不同类型。

- 能够使用数据库备份工具和在 MySQL 中使用 SQL 命令进行数据库备份与数据库还原。
- 能够使用语句进行日志的管理与查看。

重难点

【重点】

- 数据库备份的方法。
- 数据库备份的分类。
- 数据库还原的方法。
- 日志的类型。
- 日志的作用。

【难点】

- 能够根据数据库实际使用情况，在综合考虑时间、空间的基础上制订合适的数据库备份策略。
- 能够根据数据库备份情况，选择合适的数据库还原方法。
- 数据库日志文件的合理使用与管理。

10.1 核心知识点

10.1.1 数据库备份和还原的分类、内容、时间和方法

数据库备份还原是为了防止数据丢失，或者在数据出现不满足一致性、完整性的时候，根据之前某一状态的数据库副本（数据库备份），将数据还原到这一状态之下的版本。

数据库还原是指加载数据库备份到系统中。

数据库备份还原是在本地服务器上进行的操作。

1. 数据库备份的分类

（1）按照备份内容划分

物理备份和逻辑备份。

（2）按照备份时服务器是否在线划分

冷备份（Cold Backup）：关闭数据库进行备份，能够较好地保证数据库的完整性。

温备份（Warm Backup）：在数据库运行状态中进行操作，但仅支持读请求，不允许写请求。

热备份（Hot Backup）：在数据库运行状态中进行操作，此备份方式依赖于数据库的日志文件。

（3）按照数据库的备份范围划分

完整备份（Full Backup）：包含数据库中的全部数据文件和日志文件信息，也称为完全备份、海量备份或全库备份。

差异备份（Differential Backup）：只备份那些自上次完整备份之后被修改过的文件。其

不能单独使用，需要借助完整备份。

增量备份（Incremental Backup）：只备份那些自上次完整备份或增量备份后被修改过的文件。其不能单独使用，需要借助完整备份，备份的频率取决于数据的更新频率。

2．备份内容和备份时间

（1）备份内容

在备份数据库时，需要同时备份用户数据库和系统数据库，以保证系统还原能够正常操作。通常需要备份的内容包括数据、日志、代码、服务器配置文件等。

（2）备份时间

对于系统数据库，一般是在修改之后立即做备份。

对于用户数据库，一般采用周期性备份的方法，备份的频率与数据更改频率和用户能够允许的数据丢失量有关。

3．数据库还原及其注意事项

进行数据库还原操作时，需要注意以下几点：要还原的数据库是否存在；数据库文件是否兼容；数据库采用了哪种备份类型。

4．备份和还原的方法

（1）数据库备份和还原需要考虑的要素

数据库备份和数据库还原是两个互为一体的操作，在进行数据库备份和还原时需要考虑以下要素。

① 用户可以容忍丢失多长时间的数据。

② 还原数据需要在多长时间之内完成。

③ 数据库还原的时候是否需要持续提供服务。

④ 数据的更改频率。

⑤ 需要还原的数据量以及数据内容（整个库、多个表或单个表）。

（2）备份和还原策略

① 备份策略

- 定期备份：定期备份的周期应当根据应用数据库系统可以承受的恢复时间来确定。
- 增量备份：根据系统需要来确定是否采用增量备份。
- 在 MySQL 中打开 log-bin 选项，在做完整还原或基于时间点的还原时都需要 BINLOG。
- 异地备份。

② 还原策略

- 完全+增量+二进制日志。
- 完全+差异+二进制日志。

10.1.2 MySQL 数据库备份

备份需要遵循两个简单原则：一是要尽早并且经常备份；二是不要只备份到同一磁盘的同一文件中，要在不同位置保存多个副本，以确保备份安全。

1．使用 mysqldump 命令备份

mysqldump 命令的基本语法格式如下。

```
mysqldump -u username -h host -p[password] databasename [tablename…] > filename.sql
```

主要参数说明如下。

① username：用户名称。

② host：登录用户的主机名称，如果是本地主机登录，此项可忽略。

③ password：登录密码，-p 选项与密码之间不能有空格。

④ databasename：需要备份的数据库，可以指定多个需要备份的数据库。

⑤ tablename：需要备份的数据表，可以指定多个需要备份的数据表；若缺省该参数，则表示备份整个数据库。

⑥ >：告诉 mysqldump 将备份数据表的定义和数据写入备份文件。

⑦ filename.sql：备份文件的名称，可以指定路径，如果不带绝对路径，默认保存在 bin 目录下。

使用 mysqldump 命令默认导出的.sql 文件中不仅包含表数据，还包含导出数据库中所有数据表的结构信息。

使用 mysqldump 命令备份数据库时，直接在 DOS 命令行窗口中执行该命令即可，无须登录 MySQL 数据库；也可以在 MySQL 安装目录下的 bin 子目录中，如 C:\Program Files\MySQL\MySQL Server 8.0\bin，找到 mysqldump.exe，然后运行 mysqldump.exe 即可。

2．使用工具备份

（1）在 MySQL Workbench 中备份

使用 MySQL Workbench 进行数据库备份时，在"Navigator"窗格中选择"Administration"选项卡，然后单击"Data Export"即可。

（2）使用 mysqlhotcopy 工具备份

使用 mysqlhotcopy 工具备份需要安装 Perl 数据库接口包。mysqlhotcopy 使用 LOCK TABLES、FLUSH TABLES 和 cp 来对数据库进行快速备份。mysqlhotcopy 在 UNIX 系统中运行，只能运行在数据库目录所在的机器上，并且只能备份 MyISAM 类型的表。具体的语法格式如下。

```
mysqlhotcopy db_name_1,…,db_name_n /path/to/new_directory
```

其中，db_name_1,…,db_name_n 为需要备份的数据库的名称；/path/to/new_directory 指定备份文件目录。

10.1.3 MySQL 数据库还原

数据库还原就是让数据库根据备份的数据回到备份时的状态，也称为数据库恢复。

1．使用命令还原

（1）未登录服务器使用命令还原数据库

数据库还原命令的语法格式如下。

```
mysql -u username -p [databasename] < filename.sql
```

主要参数说明如下。

① username：执行 backup.sql 中语句的用户的用户名。

② -p：表示输入用户密码。

③ databasename：要还原的数据库名称。

如果 filename.sql 是包含创建数据库语句的文件，则在执行时不需要指定数据库。

（2）登录服务器后数据库还原

登录 MySQL 服务器后，可以利用 MySQL Workbench 直接打开.sql 文件，单击“执行”按钮进行数据库还原。

2. 使用工具还原

使用 MySQL Workbench 进行数据库还原时，在“Navigator”窗格中选择“Administration”选项卡，然后使用“Data Import/Restore”选项即可实现。

10.1.4　MySQL 数据库迁移

数据库迁移是指将数据库从一个系统移动到另一个系统上。通常在以下 3 种情况下需要进行数据库迁移：①安装新的数据库服务器；②MySQL 版本更新；③数据库管理系统发生变更。如果是①和②中情况，需要进行的是 MySQL 同类型数据库迁移；如果是③中情况，需要进行的是不同类型的数据库之间的迁移。

1. MySQL 同类型数据库迁移

（1）版本一致的 MySQL 之间数据库迁移

在数据库迁移之前，先将 MySQL 服务停止，然后复制数据库目录。在迁移到新的计算机时，首先创建好一个数据库（数据库名称可以不同），然后将备份出来的文件复制到对应的 MySQL 数据库目录中即可完成数据库的迁移。

（2）不同版本的 MySQL 之间数据库迁移

通常高版本的 MySQL 数据库会兼容低版本的 MySQL 数据库，因此，数据库可以直接从低版本迁移到高版本中。不同版本的 MySQL 之间的数据库迁移，需要经过备份原数据库-卸载原数据库-安装新数据库-在新数据库中还原备份的数据库数据一系列操作。

2. MySQL 和其他数据库管理系统间的数据库迁移

在迁移之前需要了解不同数据库的架构，以及它们之间的差异。此外，不同数据库中相同类型的数据的关键字可能会不同，如 MySQL 中的日期字段分为 DATE 和 TIME 两种，而 Oracle 中的日期字段只有 DATE 一种。不同数据库厂商没有完全按照 SQL 标准来设计数据库，会造成数据库使用的 SQL 语句之间的差异。

10.1.5　数据库导出和导入

1. 使用 SQL 语句导出和导入文件

MySQL 允许使用 SELECT INTO…OUTFILE 语句把表数据导出到一个文本文件中进行备份，并可使用 LOAD DATA…INFILE 语句来恢复先前备份的数据。

（1）使用语句导出文件

使用 SELECT…INTO OUTFILE 语句导出文本文件时只能导出到数据库服务器上。具体语法格式如下。

```
SELECT…INTO OUTFILE filename [OPTIONS];
```

其中，filename 参数指明导出的文件名称（包含文件路径）；OPTIONS 是可选参数选项，其包含 FIELDS 子句和 LINES 子句。

（2）使用语句导入文本文件

LOAD DATA…INFILE 语句与 SELECT…INTO OUTFILE 语句是一对功能相反的语句，LOAD DATA…INFILE 语句的作用是从文件中将数据恢复到表中。具体的语法格式如下。

```
LOAD DATA [LOW_PRIORITY | CONCURRENT] [LOCAL] INFILE 'file_name.txt'
    [REPLACE | IGNORE]
    INTO TABLE tbl_name;
```

主要参数说明如下。

① LOW_PRIORITY：该参数适用于表锁存储引擎，如 MyISAM、MEMORY 和 MERGE，在写入过程中如果有客户端程序读表，写入将会延后，直至没有任何客户端程序读表再继续写入。

② CONCURRENT：若使用该参数，则允许在写入过程中其他客户端程序读取表内容。

③ LOCAL：影响数据文件定位和错误处理。只有当 mysql-server 和 mysql-client 同时在配置中指定允许使用时，LOCAL 才会生效。如果 mysql 的 local_infile 系统变量设置为 disabled，LOCAL 关键字将不会生效。

④ REPLACE | IGNORE：控制对现有记录的唯一键的重复值进行处理。如果指定了 REPLACE，新行将代替有相同的唯一键值的现有行。如果指定了 IGNORE，则跳过唯一键具有重复值的现有行进行输入。如果不指定任何一个选项，当出现重复值时，将会报错，而且自此之后的文本文件中剩余部分将会被忽略。

⑤ file_name.txt：导出的包含存储路径的文件名称。

⑥ tbl_name：该表必须在数据库中已经存在，表结构与导入文件的数据行一致。

2. 使用命令导出和导入文件

MySQL 通常使用 mysqldump 命令来导出和导入文件。

10.1.6 MySQL 日志管理

日志是 MySQL 数据库的重要组成部分，数据库运行期间的所有操作均记录在日志文件中。

1. 日志的类型

MySQL 有不同类型的日志文件，包括错误日志、二进制日志、通用查询日志及慢查询日志。除了二进制日志外，其他日志都是文本文件。

2. 日志的作用

MySQL 日志用来记录 MySQL 数据库的运行情况、用户操作和错误信息等。日志的作用包括以下几点。

① 如果 MySQL 数据库系统意外停止服务，数据库管理员可以通过错误日志查看出现错误的原因。

② 数据库管理员可以通过二进制日志文件查看用户执行了哪些操作，从而根据二进制

日志文件的记录来修复数据库。

③ 数据库管理员可以通过慢查询日志找出执行时间较长、执行效率较低的语句，从而对数据库查询操作进行优化。

3. 错误日志管理

（1）启用错误日志

错误日志功能在默认情况下是开启的，并且不能被禁止。通过修改 my.ini 文件中的 log-err 和 log-warnings 可以配置错误日志信息。错误日志默认以 hostname.err 为文件名，其中 hostname 为主机名。错误日志的存储位置可以通过 log-error 选项来设置，在 my.ini 文件中修改的语法格式如下。

```
--log-error=[path/[filename]]
```

其中，path 为日志文件所在的目录路径，filename 为日志文件名。修改配置项后，需要重启 MySQL 服务才能生效。

（2）查看错误日志

错误日志是以文本文件的形式存储的，所以可以直接使用普通文本工具打开查看。数据库管理员也可以使用 SHOW 语句来查看错误日志文件所在的目录及文件名信息，语法格式如下。

```
SHOW VARIABLES LIKE '%log_error%';
```

（3）删除错误日志

在 MySQL 数据库中，数据库管理员可以使用 mysqladmin 命令来开启新的错误日志。mysqladmin 命令的语法格式如下。

```
mysqladmin -u root -p flush -logs
```

执行命令后，数据库系统会自动创建一个新的错误日志。旧的错误日志仍然保留，只是已经更名为 filename.err-old。

数据库管理员在客户端登录 MySQL 数据库后，可以执行如下的 flush logs 语句来删除错误日志。

```
flush logs;
```

数据库管理员也可以使用 SHOW 语句来查看错误日志文件所在的位置，然后将其删除即可。

4. 二进制日志管理

二进制日志是 MySQL 中最重要的日志，记录了除 SELECT 语句之外所有的 DDL，也称为变更日志。二进制日志包含两类文件：一是二进制日志索引文件，文件名后缀为.index，其用于记录所有的二进制文件；二是二进制日志文件，文件名后缀为.00000*，其用于记录数据库所有的 DDL 和 DML 语句。默认情况下，MySQL 是不开启二进制日志功能的。

（1）开启二进制日志

二进制日志文件开启后，所有对数据库的操作均会被记录到二进制文件中，所以长时间开启之后，二进制日志文件会变得很大，占用大量磁盘空间。二进制日志默认存储在数据库的数据目录下，默认的文件名为 hostname-bin.number。

通过 my.ini 文件中的 log-bin 选项可以开启二进制日志，具体语法格式如下。

```
log-bin [=path/[filename]]
expire_logs_days=10
max_binlog_size=100M
```

关键参数的含义如下。

① log-bin：定义开启二进制日志。

② path：表示日志文件所在的目录路径。

③ filename：日志文件的文件名，文件全名如 filename.000001 或 filename.000002 等。

④ expire_logs_day：定义定期清除过期日志的时间、二进制日志自动删除的天数。

⑤ max_binlog_size：对单个文件的大小进行限制。

在 my.ini 文件中配置完成之后，启动 MySQL 服务进程，即可启动二进制日志。

（2）查看二进制日志

使用 SHOW binary logs 可以查看目前有哪些二进制日志文件。由于 log-bin 是以 binary 方式存取的，所以不能直接在 Windows 下查看，可以通过 MySQL 提供的 mysqlbinlog 工具查看。

```
mysqlbinlog --no-defaults C:\ProgramData\MySQL\MySQL Server 8.0\Data\
DESKTOP-TKC62RP-bin.000005
```

数据库管理员也可以使用 SHOW 语句来查看用户对数据库进行的操作。

```
SHOW BINLOG EVENTS in 'DESKTOP-TKC62RP-bin.000005' ;
```

（3）删除二进制日志

二进制日志文件不能直接删除，通常使用 purge 命令来删除，语法格式如下。

```
purge {binary|master} logs {to 'og_name'|before datetime_expr};
```

此外，数据库管理员可以使用 reset master 命令来删除所有的二进制日志文件。

（4）使用二进制日志还原数据库

在数据库意外丢失数据时，数据库管理员可以使用 mysqlbinlog 命令，通过从指定时间点开始（如最后一次备份）直到现在或另一个指定时间点的日志来恢复数据。具体的语法格式如下。

```
mysqlbinlog [option] filename|mysql -u user -p password
```

关键参数的含义如下。

① option：一些可选的选项，其中比较重要的是--start-date、--stop-date 和--start-position、--stop-position。--start-date、--stop-date 指定数据库恢复的起始时间点和结束时间点；--start-position、--stop-position 指定恢复数据库的开始位置和结束位置。

② filename：日志文件名。

5. 慢查询日志管理

慢查询日志记录了执行时间超过特定时长的查询，即记录所有执行时间超过最大 SQL 执行时间（long_query_time）或未使用索引的语句。

（1）启用慢查询日志

慢查询日志在 MySQL 中默认是关闭的，可以通过配置文件 my.ini 或 my.cnf 中的 slow_query_log 选项打开。开启慢查询日志的语法格式如下。

```
slow_query_log_file[=path/[filename]]
long_query_time=n;
```

关键参数的含义如下。

① path：日志文件所在的目录路径，如果不指定目录和文件，则默认存储在数据目录中。

② long_query_time：指定时间阈值。

③ n：时间值，单位是秒，如果不设置 long_query_time 选项，默认时间是 10 秒。

另外，数据库管理员还可以使用命令行开启慢查询日志，具体设置命令如下。

```
SET GLOBAL slow_query_log=on;
SET GLOBAL slow_launch_time=1;
```

（2）查看慢查询日志

启用慢查询日志后，可以看到在默认文件夹下生成了一个慢查询日志文件，使用记事本可以查看该文件。

如果只需要查询某些变量，可以通过下面的语句进行查询。

```
--查看慢查询定义的时间值
SHOW GLOBAL VARIABLES LIKE 'long_query_time';
--查看慢查询日志相关变量
SHOW GLOBAL VARIABLES LIKE '%slow_query_log%';
```

（3）删除慢查询日志

如果需要删除慢查询日志，通常通过以下语句来重置慢查询日志文件。

```
SET GLOBAL slow_query_log=0;
```

重置后需要生成一个新的慢查询日志文件。

```
SET GLOBAL slow_query_log=1;
```

使用 mysqladmin 命令也可以删除慢查询日志，语法格式如下。

```
mysqladmin -u root -p flush-logs
```

执行该命令后，新的慢查询日志会直接覆盖旧的慢查询日志，不需要再手动删除。

数据库管理员也可以手动删除慢查询日志，删除之后需要重新启动 MySQL 服务，重启之后就会生成新的慢查询日志。

6．通用日志管理

通用日志也称为通用查询日志，其记录用户的所有操作，包括启动和关闭 MySQL 服务、更新操作、查询操作等。

（1）开启通用日志

通用日志默认是关闭的，可以通过修改 my.ini 文件的 log 选项来开启，语法格式如下。

```
Log [=path/[filename]]
```

关键参数的含义如下。

① path：指定日志存放的位置。

② filename：定义日志文件名。

登录 MySQL 服务器后，也可以用语句来启动通用日志，语法格式如下。

```
SET GLOBAL general_log=on/1;
```

（2）查看通用日志

通用日志以文本文件的形式存储，在 Windows 操作系统中可以使用文本编辑器查看，在 Linux 操作系统中可以使用 Vim 工具或 gedit 工具查看。

（3）删除通用日志

数据库管理员可以删除很长时间之前的通用日志，以保证 MySQL 服务器上的硬盘空间。在 MySQL 数据库中，数据库管理员可以使用 mysqladmin 命令来开启新的通用日志，新的通用日志会直接覆盖旧的通用日志，不需要再手动删除，语法格式如下。

```
mysqladmin -u root -p flush -logs
```

数据库管理员也可以在登录 MySQL 服务器之后，输入以下语句来删除通用日志。

```
flush logs;
```

除上述方法以外，还可以手动删除通用日志。

删除通用日志和慢查询日志使用的是同一个命令，所以在使用时一定要注意，一旦执行这个命令，通用查询日志和慢查询日志都将只存在新的日志文件。

10.2 典型习题

一、选择题

1. 以完全备份为基准点，备份完全备份之后变化了的数据文件、日志文件及数据库中被修改的内容的备份是（　　）。

A. 差异备份　　B. 事务日志备份

C. 文件和文件组备份　　D. 完全备份

2. 通常情况下，可以采用的备份策略包括：完全备份加增量备份和二进制日志备份、完全备份加差异备份和二进制日志备份、（　　）。

A. 完全备份　　B. 差异备份

C. 事务日志备份　　D. 文件和文件组备份

3. 数据库还原技术的基本策略是数据冗余，被转储的冗余数据包括（　　）。

A. 应用程序和数据库副本

B. 数据字典、日志文件和数据库副本

C. 日志文件和数据库副本

D. 应用程序、数据字典、日志文件和数据库副本

二、填空题

1. 从备份的内容角度，数据库备份可分为__________和__________；从数据库的备份范围角度，数据库备份可分为__________、__________、和__________。

2. 使用 mysqldump 语句备份数据库的基本语法格式如下。

```
mysqldump -u username -h host -p [password] databasename [tablename…] > filename.sql
```

其中，username 表示__________，host 表示__________，password 为__________，databasename 指__________，tablename 指__________，filename.sql 为__________。

三、简答题

1. 在确定用户数据库的备份周期时需要考虑哪些因素？

2. 对系统数据库和用户数据库分别应该采取什么备份策略？

3. 事务日志备份备份的是哪个时间段的哪些内容？

4. 备份 MySQL 数据库可以直接复制整个数据库目录吗？

5. 不同类型之间的数据如何迁移？

10.3 实验任务

MySQL 备份和还原实验

一、实验目的

掌握使用命令进行 MySQL 数据库备份和还原的方法。

掌握使用工具进行 MySQL 数据库备份和还原的方法。

二、实验内容

（1）在 D 盘新建一个用于存放备份文件的文件夹 bak。

（2）分别使用 SQL 语句和至少一种工具将第 4 章和第 5 章实验所创建的数据库完整备份到文件夹 bak 中，给出 SQL 语句和重要步骤的截图。

（3）使用 SQL 语句将数据库中的学生成绩表备份到文件夹 bak 中，给出 SQL 语句。

（4）删除第 4 章和第 5 章实验所创建的数据库。

（5）使用 SQL 语句和至少一种工具还原数据库，给出 SQL 语句和重要步骤的截图。

10.4 习题解答

10.4.1 教材习题解答

一、选择题

1. A。MySQL 有不同类型的日志文件，包括错误日志、二进制日志、通用日志及慢查询日志。所以 A 选项是正确答案。

2. B。数据库还原是与数据库备份相对应的系统维护和管理操作，当数据库出现故障时，将备份的数据库加载到系统，从而使数据库恢复到备份时的正确状态。所以完整的数据库备份能够保证数据库尽可能地恢复到故障前的状态，选项 B 正确。

3. B。按备份时服务器是否在线进行划分，数据库备份可分为冷备份、温备份和热备份，不包括 B 选项。

4. A。二进制日志文件记录所有用户对数据库的操作（除 SELECT 语句之外），故选项 A 中的所有操作描述错误。

5. A。二进制日志是 MySQL 中最重要的日志，记录了除 SELECT 语句之外所有的 DDL，也称为变更日志。故选项 A 正确。

6. C。从数据库的备份范围角度，数据库备份可分为完整备份、差异备份和增量备份。其中增量备份只针对那些自上次完整备份或增量备份后被修改过的文件。故选项 C 正确。

7. B。默认情况下，MySQL 数据库只启动了错误日志的功能，其他类型日志都需要数据库管理员进行设置。故选项 B 正确。

二、简答题

1. 虽然数据库系统已经采取了一系列措施来防止数据库的安全性和完整性遭到破坏，保证并发事务的正确执行，但数据依然无法保证绝对不受破坏。当数据文件发生损坏、数据库服务器出现故障、计算机硬件毁坏或数据被误删时，可能会使数据库中的全部或部分数据丢失。数据库备份是将数据库中的数据以及保证数据库系统正常运行的有关信息保存起来，以备数据库还原时使用。数据库还原是指加载数据库备份到系统中。数据库备份和还原是对数据库进行备份，在数据丢失或者出现错误的情况下，可以将数据库还原到某一正确状态下的版本。数据库备份和还原可以保证 MySQL 数据库的安全性和一致性。

2. 进行数据库还原时，需要注意以下事项。

（1）要还原的数据库是否存在。

（2）数据库文件是否兼容。

（3）数据库采用了哪种备份类型。

3. 开启二进制日志可以实现以下几个功能。

（1）数据库还原。某些数据的恢复需要二进制日志，如在一个数据库完整备份文件恢复后，用户可以通过二进制日志进行恢复。

（2）复制。原理与数据库还原类似，通过复制和执行二进制日志使一台远程的 MySQL 数据库与一台本地的 MySQL 数据库进行实时同步。

（3）审计。用户可以利用二进制日志中的信息进行审计，判断是否有对数据库的攻击。

10.4.2 典型习题解答

一、选择题

1. A。差异备份只备份那些自上次完全备份之后被修改过的文件，故正确答案为 A 选项。

2. A。还原时通常采用：完全+增量+二进制日志；完全+差异+二进制日志；完全备份。故正确答案为 A 选项。

3. C。数据库还原是与数据库备份相对应的系统维护和管理操作，当数据库出现故障时，将备份的数据库加载到系统，从而使数据库恢复到备份时的正确状态。通常需要备份的内容包括数据、日志、代码、服务器配置文件等。用于数据库还原的被转储的冗余数据包括日志文件和数据库副本。故正确答案为 C 选项。

二、填空题

1. 物理备份；逻辑备份；完整备份；差异备份；增量备份。

2. 用户名称；登录用户的主机名称；登录密码；需要备份的数据库；需要备份的数据表；备份文件的名称。

三、简答题

1. 需要考虑的因素如下。

（1）用户可以容忍丢失多长时间的数据。

（2）还原数据需要在多长时间内完成。

（3）数据库还原的时候是否需要持续提供服务。

（4）数据的更改频率。

（5）需要还原的数据量及数据内容（整个数据库、多个表或单个表）。

2. 不同类型的数据库对备份的要求是不同的，对于系统数据库，一般在修改之后立即做备份比较合适。用户数据库发生变化的频率比系统数据库要高，所以不能采用立即备份的方式。对于用户数据库，一般采用周期性备份的方法，备份的频率与数据更改频率和用户能够允许的数据丢失量有关。

3. 事务日志备份备份的是从上次备份（可以是完整备份、差异备份和日志备份）之后到当前备份时间所记录的日志内容，而且在默认情况下，事务日志备份完成后要截断日志。

4. MySQL 中数据表以文件方式保存，所以可以直接复制 MySQL 数据库的存储目录及文件进行备份。MySQL 中的数据库和数据表分别对应文件系统中的目录和目录之下的文件。在 Linux 环境中数据库文件的存放目录一般为/var/lib/mysql。在 Windows 环境中数据库文件的存放目录视安装路径而定，一般为 installpath/mysql/data。但是，只有数据库、数据表都是 MyISAM 类型的才能使用这种方式。

5. 不同类型数据库之间的迁移是指 MySQL 和其他数据库管理系统间的数据库迁移，包括从 MySQL 迁移到 Oracle、SQL Server 等，也包括从 Oracle、SQL Server 迁移到 MySQL。在迁移之前需要了解不同数据库的架构，以及它们之间的差异。此外，不同数据库中相同类型的数据的关键字可能会不同，如 MySQL 中的日期字段分为 DATE 和 TIME 两种，而 Oracle 中的日期字段只有 DATE 一种。不同数据库厂商没有完全按照 SQL 标准来设计数据库，会造成数据库使用的 SQL 语句之间的差异。例如，Oracle 数据库软件使用的是 PL/SQL 语言，SQL Server 使用的是 T-SQL 语言，这就造成了 Oracle 和 SQL Server 是不兼容的。

数据库迁移时可以使用一些工具，在 Window 环境下可以使用 MyODBC 工具实现 MySQL 和 SQL Server 之间数据库的迁移，使用 MySQL 官方提供的工具 MySQL Migration Toolkit 也可以在不同的数据库管理系统间进行数据库迁移。

10.5 实验任务解答

MySQL 备份和还原实验

一、实验目的

掌握使用命令进行 MySQL 数据库备份和还原的方法。

掌握使用工具进行 MySQL 数据库备份和还原的方法。

二、实验内容

（1）在D盘新建一个用于存放备份文件的文件夹bak。

（2）分别使用SQL语句和至少一种工具将第4章和第5章实验中所创建的数据库完整备份到文件夹bak中。

① 将数据库备份到bak中的SQL语句如下。

```
mysqldump -u root -p -database education_lab > d:/bak/educationlab_backup_
20210401.sql;
```

② 以SQLyog工具为例，进行数据库备份，步骤如下。

步骤一：输入正确的用户名、密码以及需要连接的数据库名称，单击“连接”选项，如图10-1所示。

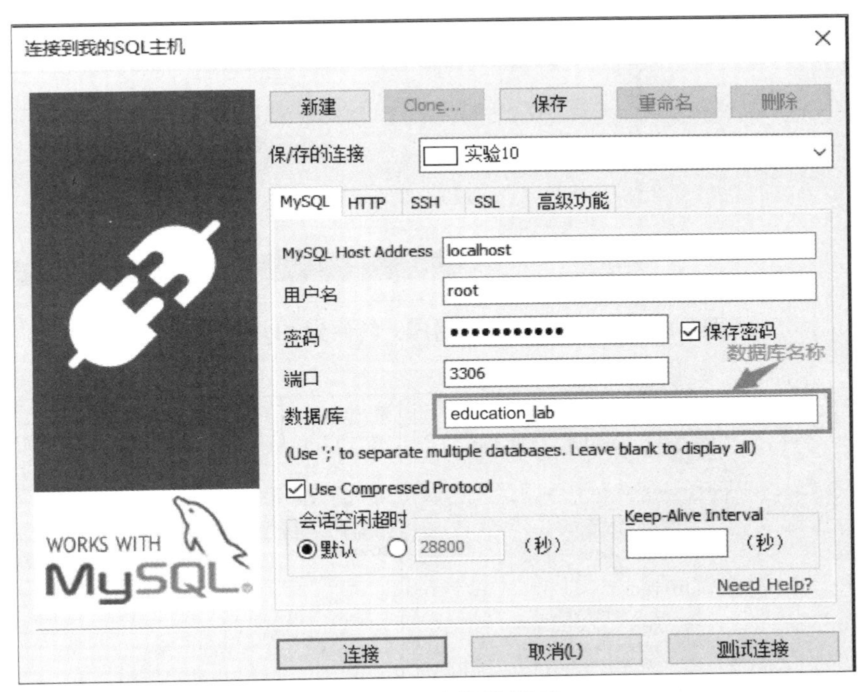

图10-1　连接数据库

步骤二：在打开的界面中右击数据库名称“education_lab”，在弹出的快捷菜单中选择“备份/导出”选项，然后选择“备份数据库，转储到SQL…”选项，如图10-2所示。

步骤三：在打开的界面中选择“结构和数据”选项，单击“导出”按钮，即可完成数据库的备份，如图10-3所示。

（3）使用SQL语句将数据库中的学生成绩表备份到文件夹bak中。SQL语句如下。

```
mysqldump -u root -p education_lab sc > d:/bak/education
lab_sc_backup_20210401.sql;
```

（4）删除第4章和第5章实验所创建的数据库。

在MySQL Workbench中，右击数据库名称“education_lab”，在弹出的快捷菜单中选择“Drop Schema…”选项，实现数据库的删除，如图10-4所示。

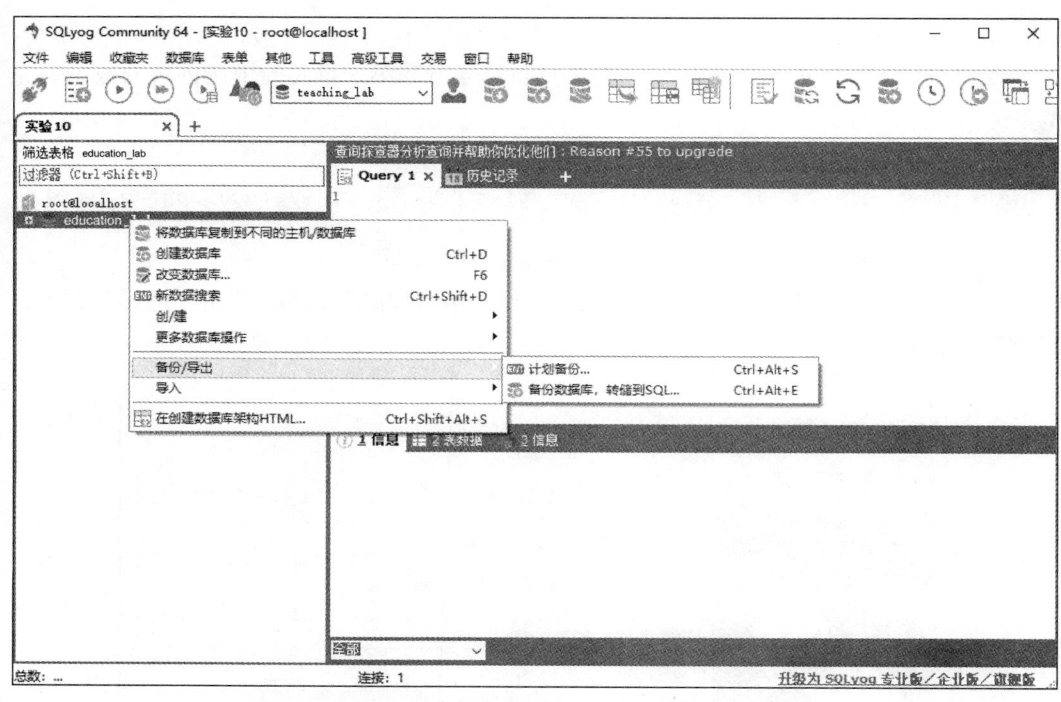

图 10-2　选择“备份数据库，转储到SQL…”选项

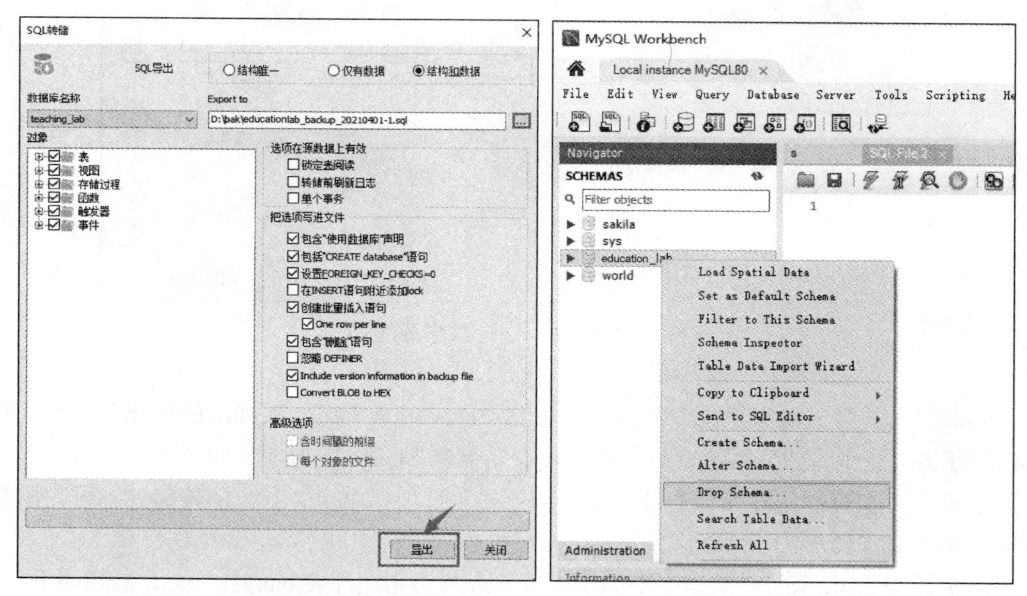

图 10-3　完成数据库的备份　　　　图 10-4　删除数据库

（5）使用SQL语句和至少一种工具还原数据库，给出SQL语句和重要步骤的截图。

① 还原数据库的SQL语句如下。

```
mysqldump -u root -p education_lab < d:/bak/ educationlab_backup_20210401.sql
```

还可以使用MySQL Workbench直接执行备份的.sql文件，但前提是在当前服务器中先创建一个名为“education_lab”的数据库。

② 使用SQLyog工具还原数据库的操作如下。

右击数据库名称“education_lab”，在弹出的快捷菜单中选择“导入”选项，再选择“执行SQL脚本…”选项，如图10-5所示；选择要执行的.sql文件，单击“执行”按钮，如图10-6所示。

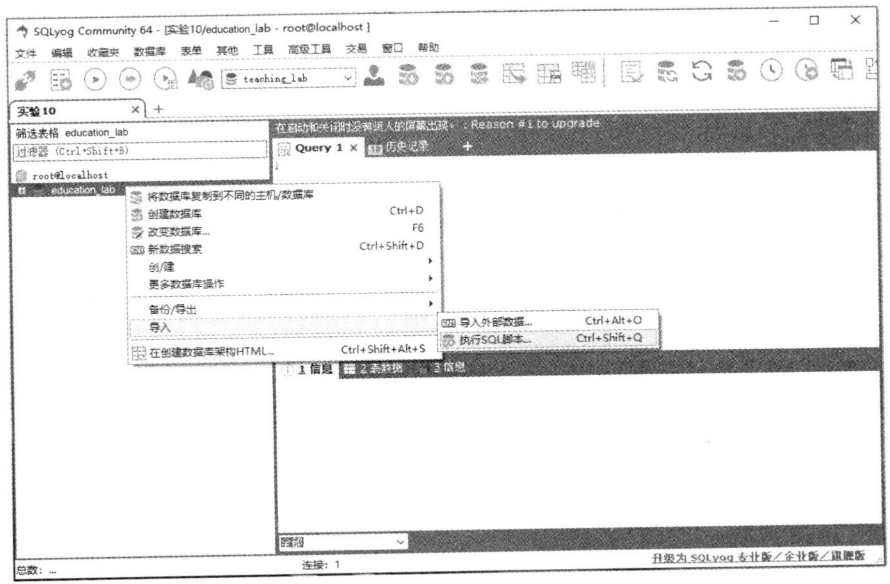

图10-5 “执行SQL脚本…”选项

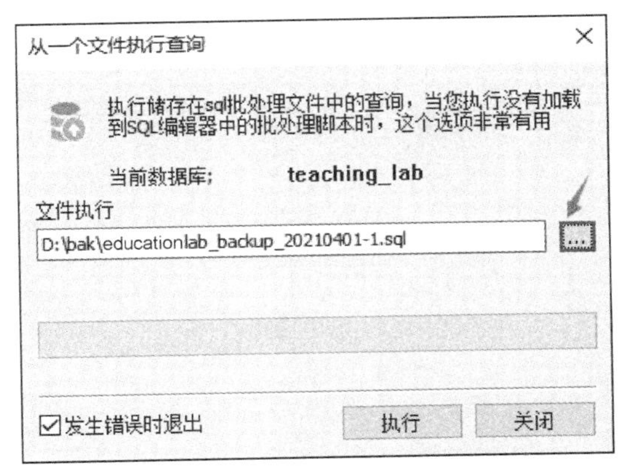

图10-6 选择要执行的.sql文件

第 11 章 数据库设计概述及需求分析

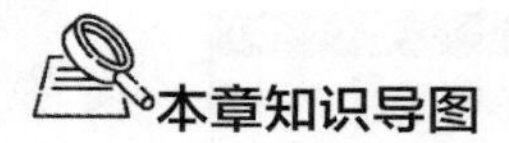

本章知识导图

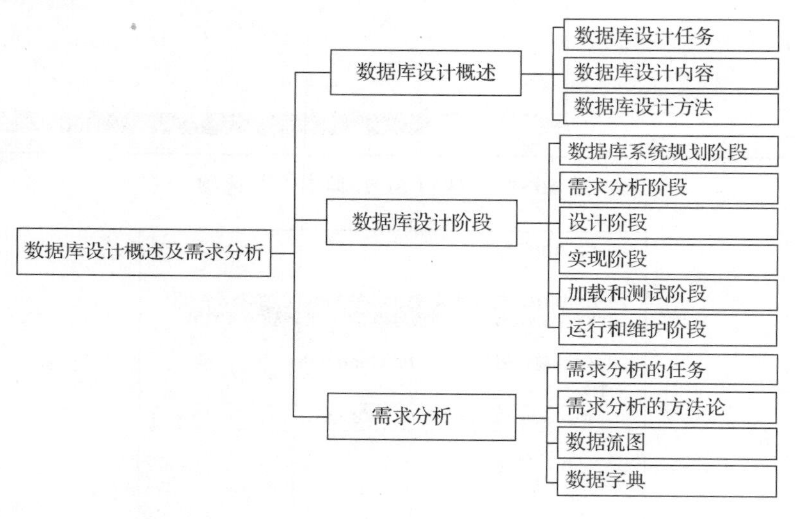

学习目标

- 理解数据库设计的基本任务和内容。
- 掌握数据库设计的主要阶段、阶段间的关系。
- 能够针对具体业务开展需求分析工作。

重难点

【重点】

- 数据库结构设计和行为设计的关系。
- 常用的数据库设计方法。
- 数据库设计的主要阶段。

- 需求分析的关键业务。
- 数据流图的绘制方法。
- 数据字典的简单组成。

【难点】

- 数据库设计各阶段的联系。
- 需求分析两种方法论的关系和主要应用场景。
- 针对业务场景，使用自顶向下的需求分析方法，绘制分层数据流图。
- 从数据流图中，抽象数据字典。

11.1 核心知识点

11.1.1 数据库设计概述

1. 数据库设计任务

① 输入：业务描述和应用环境。

② 条件：DBMS 选型和支撑环境。

③ 输出：关系模式和业务系统。

2. 数据库设计内容

（1）结构设计

结构设计就是数据库的库表结构的设计，行为设计依赖结构设计，结构设计通常不易变化，也称为静态模型设计。

（2）行为设计

行为设计就是操作数据库的应用程序或业务逻辑的设计，行为设计需要根据业务需求发生变化，也称为动态模型设计。

3. 数据库设计方法

数据库设计方法包括直观设计法、规范设计法和计算机辅助设计法，通常将规范设计法和计算机辅助设计法融合，方便借助现代建模工作，以规范化的方法高效设计数据库。

规范设计法又可分为 E-R 模型方法、范式理论方法和视图方法。通常这些方法相互配合使用。如使用 E-R 模型方法开展设计后，应用范式理论进行验证，或者使用视图方法对复杂问题进行分解后，再使用 E-R 模型方法获取实体和关系等。

11.1.2 数据库设计的主要阶段

数据库设计的主要阶段包括数据库系统规划阶段、需求分析阶段、设计阶段、实现阶段、加载和测试阶段、运行和维护阶段。

数据库系统规划阶段：输入为业务需求、技术条件、环境约束等，输出为可行性分析报告。规划的目的是确定是否有必要开展数据库系统开发工作。

需求分析阶段：输入为可行性分析报告、业务调研情况、组织架构、进度安排等，输出为需求分析规格说明书。需求分析的目的是明确系统边界。

设计阶段：输入为需求分析规格说明书，输出为数据库关系模式。设计阶段的目的是将现实世界的业务需求，通过规范的概念结构设计、逻辑结构设计和物理结构设计，转换为与具体 DBMS 相关、满足业务需求的库表结构。

实现阶段：输入为数据库关系模式等，输出为可用于测试和使用的数据库。实现的目标是提供一个可用于测试和使用的数据库。

加载和测试阶段：输入为已经建立好的空数据库，输出为填充必要信息的数据库和测试结果。加载和测试阶段的目的是确保已构建的数据库是满足需求的。

运行和维护阶段：输入为数据库系统，持续根据业务需求变化或系统运行过程中发现的问题进行维护。本阶段的目的是实现系统的可用性、可靠性等系统非功能指标并满足系统需求变化的功能性要求。

11.1.3 需求分析的任务

需求分析的主要任务是调查和分析，并编写需求分析规格说明书。

调查：调查系统组织机构、关键用户需求、已有台账信息和已有相关业务系统信息。

分析：抽象新系统的数据字典、角色和主要功能。

目的：明确辨析系统的业务边界，编写用于需求回溯的需求分析规格说明书。

11.1.4 需求分析的方法论

从结构化程序设计的角度看，需求分析的方法主要包括自顶向下需求分析方法、自底向上需求分析方法和混合需求分析方法。

1. 自顶向下需求分析方法

思想：逐层分解。将已知的宏观业务划分为更易于实现和复用的子业务。

适用场景：适用于数据库设计人员对业务场景或业务需求较为陌生或系统需求较为复杂的情况。

注意事项：避免过度细分，导致功能过于细碎。

常用工具：数据流图等。

2. 自底向上需求分析方法

思想：逐层组合。将已知的业务需求按协同原则，构成更为复杂或宏观的业务需求。

适用场景：适用于数据库设计人员对业务较为熟悉或具有较为丰富的开发经验的情况。

注意事项：确保组合后的业务能够达成用户需求目标。

3. 混合需求分析方法

思想：综合自顶向下和自底向上的需求分析方法。

适用场景：适用于数据库设计人员具有一定开发经验，但业务系统较为复杂的情况。

注意事项：确保两种方法能够有效融合。

11.1.5 数据流图

数据流图是一种常用的自顶向下分析工具，它具有图元简单和逐层抽象特点。数据流图的基本结构如图 11-1 所示。

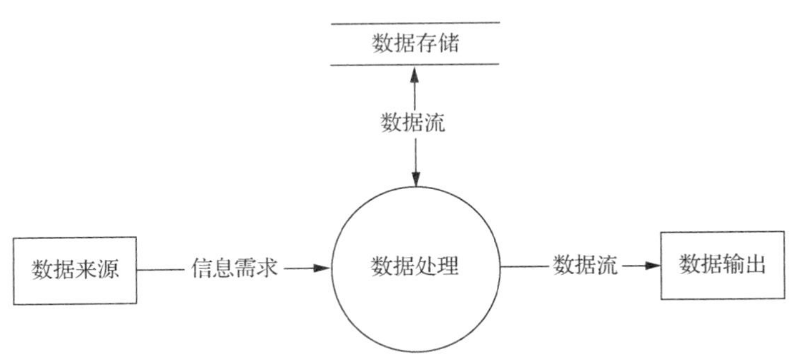

图 11-1　数据流图的基本结构

图元包括数据来源、数据存储、数据输出和数据处理。

分层原则：当业务较为复杂时，可先绘制 0 层数据流图，即将整个系统看作黑盒；然后绘制 1 层数据流图，将系统按照关键业务线细分；之后再反复细分，绘制数据流图，直到根据数据流图可有效抽象出所需的数据字典为止。

在实际开发过程中，数据流图的分层抽象需要经过大量练习方能熟练掌握，特别是如何抽象、划分的数据粒度等，都需要进行大量的练习。

11.1.6　数据字典

数据字典是需求分析的核心产物，是各类数据结构和属性的清单，其结果用于后续的数据库结构设计。

数据字典通常包括数据项、数据结构、数据流、数据存储和处理过程。从结构设计角度看，数据项和数据结构是最重要的，两者是数据字典的关键。数据结构可理解为数据项的集合，数据项可理解为描述客观事物或业务的一个原子属性。

需求分析后，通过数据流图，可获得描述业务的数据字典（数据结构）。对于这些数据结构，无须过多关注其数据粒度划分是否正确，而应重点围绕需求分析目标，确保收集到了足够支撑业务运行或潜在需求的数据项和数据结构。

11.2　典型习题

一、选择题

1. 下列活动不属于需求分析阶段工作的是（　　）。

   A. 建立 E-R 图　　B. 分析用户活动　　C. 建立数据字典　　D. 建立数据流图

2. 形成数据库系统开发的可行性分析报告是（　　）。

   A. 数据库系统规划阶段　　B. 需求分析阶段

   C. 设计阶段　　D. 测试阶段

3. 有关需求分析方法论，下列说法错误的是（　　）。

   A. 可采用自顶向下和自底向上需求分析方法完成需求分析

   B. 数据流图是一种自顶向下需求分析方法

   C. 自底向上需求分析方法是在面对较为陌生的业务或技术经验不够成熟时采用的方法

   D. 可以将自顶向下需求分析方法和自底向上需求分析方法相结合用于需求分析过程

二、填空题

1. 需求分析所采用的方法包括_______、_______和________。

2. 数据库的结构设计主要包括 _______、_______和________。

3. 数据库规范设计法包括_______、_______和________。

4. 规划阶段产生的主要文档为_______。

5. 数据库设计分为_______和行为设计。

三、简答题

1. 概述数据库系统规划阶段和其他阶段的关系。

2. 描述 E-R 模型方法和范式理论方法的关系。

3. 请描述如何通过数据流图获得数据字典。

11.3 习题解答

11.3.1 教材习题解答

一、选择题

1. B。数据库结构设计是指数据库关系模式设计，非数据库行为设计。

2. A。需求分析阶段确定系统边界，规划阶段确定系统是否可行。

3. C。数据流图并非分解越细致越好，应该根据实际需要，以确保所有支撑业务运行的数据项都被发现为宜。

二、填空题

1. 反复探寻；逐步求精。

2. 数据库系统规划阶段；需求分析阶段；设计阶段；实现阶段；加载和测试阶段；运行和维护阶段。

3. 数据来源；数据流；数据处理；数据结构。

4. 需求分析规格说明书。

5. 数据库系统的可行性分析和规划。

三、简答题

1. 自底向上需求分析方法强调对已有知识和组件的复用，在数据库设计人员子系统业务开发经验丰富或已经具有相关业务系统的场景下，适合使用自底向上需求分析方法。

2. 数据流图采用自顶向下需求分析方法进行分层，一般具有描述所有业务的顶层数据流图、进一步分解顶层数据流图后形成的 0 层数据流图等。

3. 需求分析的目标是明确系统的业务边界以及业务所涉及的数据字典。

11.3.2 典型习题解答

一、选择题

1. A。建立 E-R 图是数据库概念结构设计过程的工作。

2. A。在数据库系统规划阶段形成数据库可行性分析报告。

3. C。自底向上需求分析方法适合于数据库设计人员对业务较为熟悉或具有较为丰富的开发经验的情况，自顶向下需求分析方法适合数据库设计人员对业务场景或业务需求较为陌生或系统需求较为复杂的情况。

二、填空题

1. 自顶向下需求分析方法；自底向上需求分析方法；混合需求分析方法。
2. 概念结构设计；逻辑结构设计；物理结构设计。
3. E-R 模型方法；范式理论方法；视图方法。
4. 可行性分析报告。
5. 结构设计。

三、简答题

1. 数据库系统规划的输入为业务需求、技术条件、环境约束等，输出为可行性分析报告。规划的目的是确定是否有必要开展数据库系统开发工作。数据库系统规划阶段是其他阶段的基础，只有确定数据库系统可行，才会开展后续需求分析和设计等工作。可行性分析报告是后续用户需求分析的重要基础，在进行需求分析业务对标时，可参照可行性分析报告进行验证。

2. E-R 模型方法是概念结构设计常使用的方法，可以在概念结构设计和逻辑结构设计后，进一步利用范式理论方法对 E-R 模型方法产生的关系模式进行验证，确保形成的关系模式符合规范化要求。两种设计方法配合使用，将得到更为规范的数据库设计结果。

3. 在进行数据流图的分层设计时，若数据流图分层完成，数据流图中数据存储和数据输出都可以作为数据字典抽象的依据，一般可直接将数据存储和数据输出直接转换为数据结构，然后进一步分析数据结构包含的数据项。在该过程中，如果部分数据结构间数据项大量重合，可考虑合并相应的数据结构。

第 12 章 关系模式的规范化理论

本章知识导图

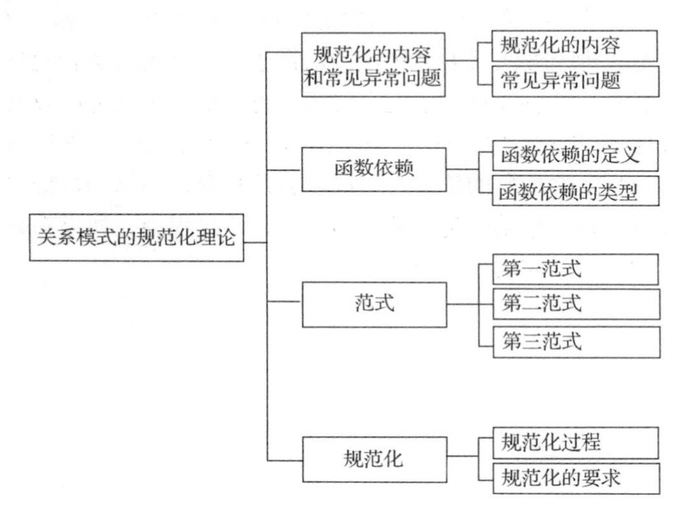

学习目标

- 理解不合理的关系模式存在的异常问题。
- 掌握函数依赖表示方法。
- 理解第一范式、第二范式和第三范式的定义。
- 能够构建满足指定范式级别的关系模式。

重难点

【重点】

- 不合理的关系模式产生的 4 种异常问题。

- 函数依赖的定义。
- 完全函数依赖和部分函数依赖的定义。
- 传递函数依赖和非传递函数依赖的定义。
- 第一范式、第二范式、第三范式、BC 范式的定义和判别方法。
- 规范化的要求。

【难点】

- 函数依赖的分类方法。
- 通过关系模式分解规范关系模式的过程。

12.1 核心知识点

12.1.1 规范化的内容和常见异常问题

1. 规范化的内容

规范化的对象：数据库关系模式。

规范化的依据：满足函数依赖关系的不同等级范式理论。

规范化的目标：获得达到第三范式或 BC 范式级别的关系模式。

2. 常见异常问题

泛关系是将系统所有关系属性放在一个关系模式中的关系模式。泛关系模式通常存在数据冗余、插入异常、更新异常和删除异常等问题。

数据冗余是非主码的属性在表中重复出现；插入异常是因泛关系实体完整性要求，导致现实情况中满足插入条件的数据无法插入数据库中；更新异常和删除异常情况类似，均是因完整性要求，在删除了某些信息后，数据库表达的信息和现实情况中的信息不一致，即现实情况在数据库中无法表达。

解决异常问题的关键是对泛关系进行关系模式分解，拆分成尽量少冗余，没有插入、更新、删除异常的关系模式。

12.1.2 函数依赖

1. 定义

设有关系模式 $R(U, F)$，U 是属性全集，F 是由 U 上函数依赖所构成的集合，X 和 Y 是 U 的子集，如果对于 $R(U)$ 的任意一个可能的关系 r，对于 X 的每一个具体值，Y 都有唯一的具体值与之对应，则称 X 决定函数 Y，或 Y 函数依赖于 X，记作 $X \to Y$。我们称 X 为决定因素，Y 为依赖因素。当 Y 不函数依赖于 X 时，记作 $X \nrightarrow Y$。当 $X \to Y$ 且 $Y \to X$ 时，则记作 $X \leftrightarrow Y$。

函数依赖是对现实世界中事物性质间相关性的一种断言。函数依赖与属性之间的关系类型相关，多对一或者一对一时才有函数依赖，多对多时没有函数依赖。函数依赖与时间无关。

2. 类型

（1）完全函数依赖和部分函数依赖

设有关系模式 $R(U)$，U 是属性全集，X 和 Y 是 U 的子集，如果 $X \to Y$，并且对于 X 的任何一个真子集 X'，都有 $X' \nrightarrow Y$，则称 Y 完全函数依赖（Full Functional Dependency）于 X，记作 $X \xrightarrow{f} Y$。如果对 X 的某个真子集 X'，有 $X' \to Y$，则称 Y 部分函数依赖（Partial Functional Dependency）于 X，记作 $X \xrightarrow{p} Y$。

注意：函数依赖左侧为单属性时，函数依赖一定是完全函数依赖。

（2）传递函数依赖和非传递函数依赖

设有关系模式 $R(U)$，U 是属性全集，X、Y、Z 是 U 的子集，若 $X \to Y$，但 $Y \nrightarrow X$，而 $Y \to Z$（$Y \not\subseteq X$，$Z \not\subseteq Y$），则称 Z 对 X 传递函数依赖（Transitive Functional Dependency），记作 $X \xrightarrow{t} Z$。如果 $Y \to X$，则 $X \leftrightarrow Y$，这时称 Z 对 X 直接函数依赖，而不是传递函数依赖。这种情况即非传递函数依赖。

注意：传递函数依赖主要看当前函数依赖中是否有属性可以通过其他属性过渡得到。

（3）函数依赖的分类

函数依赖一共分为 4 类，如图 12-1 所示。

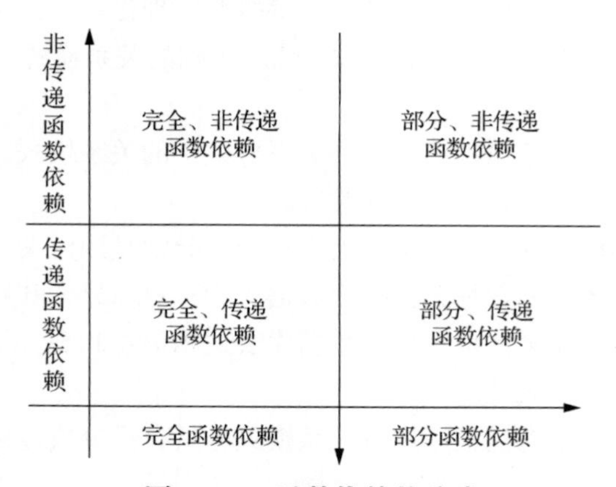

图 12-1　函数依赖的分类

12.1.3　范式

1. 第一范式

定义：如果关系模式 R 所有的属性均为原子属性，即每个属性都是不可再分的，则称 R 属于第一范式，简称 1NF，记作 $R \in 1NF$。

判断方法：判断关系模式中各个属性是否为原子属性。

2. 第二范式

定义：如果关系模式 $R \in 1NF$，且每个非主属性都完全函数依赖于 R 的主码，则称 R 属于第二范式，简称 2NF，记作 $R \in 2NF$。如果数据库模式中每个关系模式都是 2NF，则称这个数据库模式为 2NF 的数据库模式。

判断方法：判断所有非主属性和主码之间的函数依赖是否为完全函数依赖。注意区分传递函数依赖。

3. 第三范式

定义：如果关系模式 $R \in 2NF$，且每个非主属性都非传递函数依赖于 R 的主码，则称 R 属于第三范式，简称 3NF，记作 $R \in 3NF$。

判断方法：判断每个非主属性和主码之间的函数依赖是否为传递函数依赖。

大家需要注意以下几点。

（1）从第一范式到第三范式是逐层递进的，后一级别的范式是在前一个级别范式基础上定义的。

（2）第一范式重点关注属性原子化问题，第二范式和第三范式重点关注非主属性和主码之间的函数依赖关系。

（3）一般分解到第三范式即可解决常见的数据冗余、插入异常、删除异常和更新异常问题，但当主属性和主码存在部分函数依赖时，还需要使用 BC 范式进行控制。

12.1.4 规范化过程

1. 规范化原则和实际规范化过程注意事项

原则：满足属性原子化的基础上，确保每个关系模式仅描述一个实体或实体间的联系，遵守“一事一地”原则。

规范化的手段：利用不同范式定义，判断范式级别，如果不满足 3NF，则使用模式分解方法，拆分大模式，构建满足更高级别范式的关系模式。

注意事项：范式分解是一种从关系模式规范化理论衍生出的数据库设计方法，在实际系统开发过程中，需要开发人员具备较为丰富的开发经验或较为系统的数据库规范化理论，一般系统开发人员往往很难达到，因此规范化理论常被作为其他方法的验证方法，即使用规范化理论验证其他设计方法的规范性。同时，范式分解不宜过度，过度分解会导致查询时需要连接过多的表，造成性能消耗，需要权衡性能和规范化之间的关系。

2. 规范化步骤

规范化步骤如图 12-2 所示。

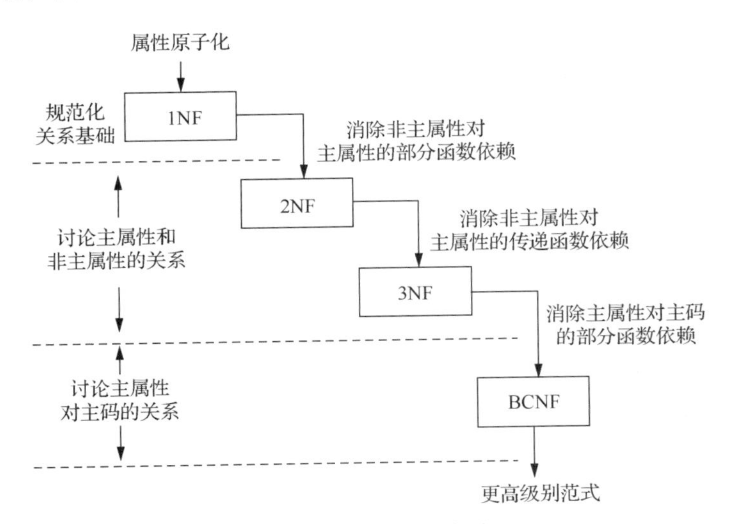

图 12-2 规范化步骤

第一范式检查和操作：检查泛关系模式中各属性是否为原子属性，将不满足原子性要求的属性分解为原子属性。

第二范式检查和操作：分析所有满足 1NF 关系模式的主码与主属性，查验每个关系模式中非主属性和主码的函数依赖关系，如果存在非主属性对主码的部分函数依赖，则分解该关系模式，消除关系模式中非主属性对主码的部分函数依赖，将 1NF 关系模式转换成 2NF 关系模式。

第三范式检查和操作：分析所有满足 2NF 的关系模式，查验每个关系模式中非主属性和主码的函数依赖关系，如果存在非主属性对主码的传递函数依赖，则分解该关系模式，消除关系模式中非主属性对主码的部分函数依赖，将 2NF 关系模式转换成 3NF 关系模式。

12.2 典型习题

一、选择题

1. 规范化过程中，第一范式关注的是（　　）。

A. 属性原子化　　B. 非主属性和主码之间的关系

C. 主属性和主码之间的关系　　D. 非主属性和主属性之间的关系

2. 下列有关范式等级的说法，错误的是（　　）。

A. 规范化理论是在范式等级基础上建立的理论

B. 第二范式也是第一范式

C. 通常第三范式可以消除大部分情况的数据冗余和插入、更新、删除异常

D. 范式等级越高越好，应尽量将关系模式进行充分分解

3. 以下关于函数依赖的说法，错误的是（　　）。

A. 属性间为一对一关系时存在函数依赖　　B. 属性间为多对一关系时存在函数依赖

C. 属性间为多对多关系时存在函数依赖　　D. 属性间为一对多关系时存在函数依赖

二、填空题

1. 常见的不合理关系模式存在的异常包括________、________、________、________。

2. 在关系模式分解达到更高级别范式等级要求时，遵循的原则是________。

3. 学生学号和学生姓名、学生出生日期、学生专业属性之间的函数依赖为________。

4. 2NF 的要求为________。

5. 学生学号决定学生所在学院名称，学生所在学院名称决定了学院的负责人姓名，则学生学号和学院负责人姓名之间为________。

三、简答题

1. 概述关系模式规范化理论中各等级范式之间的关系。

2. 概述规范化理论在实际数据库开发中的应用方法。

3. 概述第二范式到第三范式的转化方法。

12.3 习题解答

12.3.1 教材习题解答

一、选择题

1. B。根据函数依赖的定义，函数依赖是指在 R 的每一个关系中，若两个元组的 X 值相等，则 Y 值也相等。

2. D。根据函数依赖的定义和主码的定义，主码能够决定 R 中所有的属性，W 决定 X，XY 决定 Z，所以 WY 决定 Z。由于 W 决定 W，Y 决定 Y，因此 WY 决定 $XYWZ$。

3. A。规范化过程主要依据关系规范化理论。

4. C。根据不合理关系模式存在的 4 个主要问题，规范化过程主要解决数据冗余、插入异常、更新异常、删除异常问题。

5. B。如果 R 中所有属性为单属性，则当前满足第一范式，第二范式是在满足第一范式基础上，最高可以达到的范式。

二、填空题

1. 2NF；3NF；BCNF。
2. AB；1NF。
3. 2NF。
4. 包含。
5. 无损连接。

三、简答题

1. 函数依赖是关系模式中属性之间的一种逻辑依赖关系。设有关系模式 R（U），U 是属性全集，X 和 Y 是 U 的子集，如果 $X \to Y$，并且对于 X 的任何一个真子集 X'，都有 $X' \nrightarrow Y$，则称 Y 对 X 完全函数依赖，记作 $X \xrightarrow{f} Y$。如果对 X 的某个真子集 X'，有 $X' \to Y$，则称 Y 对 X 部分函数依赖，记作 $X \xrightarrow{p} Y$。设有关系模式 R（U），U 是属性全集，X、Y、Z 是 U 的子集，若 $X \to Y$，但 $Y \nrightarrow X$，而 $Y \to Z$（$Y \notin X$，$Z \notin Y$），则称 Z 对 X 传递函数依赖，记作 $X \xrightarrow{t} Z$。

2. 关系模式分解是为了消除关系模式中不合理的数据冗余和操作异常问题。衡量关系模式的一个分解是否可取，主要有两个标准：分解是否具有无损连接，分解是否保持了函数依赖。

3. 关系 R 的主码为职工号，每个非主属性都完全函数依赖于主码，因此 R 属于第二范式。因为单位名称依赖于单位号，单位号依赖于职工号，即非主属性传递函数依赖于 R 的主码，所以 R 不属于第三范式。

规范化步骤如下。

（1）分析关系模式 R 的函数依赖集。

F={职工号→职工姓名，职工号→年龄，职工号→性别，职工号→单位号，单位号→单位名称}。

（2）提取 F 中传递函数依赖，将 R 分解如下。

R_1={职工号，职工姓名，年龄，性别，单位号}。

R_2={单位号，单位名称}。

（3）通过分析，*R* 满足 3NF 要求。

4. 关系 *R* 是第一范式。该关系的主码为（课程名，教师名），因为教师地址函数依赖于教师名，因此不满足每个非主属性都完全函数依赖于 *R* 的主码，因此不属于第二范式。

该关系存在删除异常，当某课程被删除时，相应的教师名和教师地址也被删除，但现实中该教师仍然存在。

关系 *R* 可分解为 R_1={课程名，教师名}，R_2={教师名，教师地址}。

12.3.2 典型习题解答

一、选择题

1. A。第一范式关注的是属性原子化问题。

2. D。范式等级达到 3NF 即可解决大量问题，但并非分解得越细致越好，要结合实际需要，权衡性能和规范化要求进行分解。

3. C。属性间为多对多关系时不存在函数依赖，为一对多关系和一对一关系时才存在函数依赖。

二、填空题

1. 数据冗余；插入异常；更新异常；删除异常。

2. “一事一地”。

3. 学生学号决定学生姓名、学生出生日期和学生专业。

4. 满足第一范式的基础上，非主属性都完全函数依赖于主码。

5. 传递函数依赖关系。

三、简答题

1. 一般分为第一范式、第二范式和第三范式。第一范式要求属性原子化；第二范式在第一范式基础上，要求非主属性完全函数依赖于主码；第三范式在第二范式基础上，要求非主属性传递函数依赖于主码。

2. 可将规范化理论和其他数据库设计方法配合使用，应用规范化理论验证用其他方法得到的关系模式是否满足规范化要求。

3. 应用模式分解方法，针对第二范式关系模式中传递函数依赖部分进行分解，将传递函数依赖的右部分解，形成单独的关系模式，并通过外码方式留在原关系模式中，确保分解后的关系模式保持函数依赖且满足无损连接。

第 13 章

数据库概念结构设计和逻辑结构设计

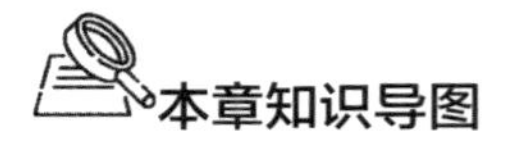

本章知识导图

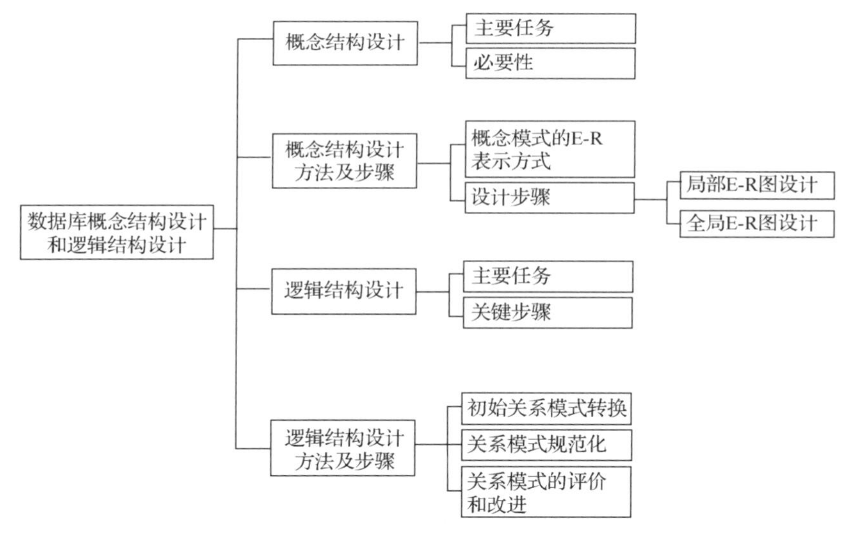

学习目标

- 理解概念结构设计和逻辑结构设计的主要任务。
- 掌握使用 E-R 模型设计局部 E-R 图并整合形成全局 E-R 图的方法。
- 能够运用关系模式转换规则，将全局 E-R 图转换为关系模式并进行关系模式的评价和改进工作。

重难点

【重点】

- 概念结构设计的主要任务。

- 概念结构设计的必要性。
- E-R 图的设计方法。
- 将局部 E-R 图合成全局 E-R 图时注意属性冲突情况。
- 逻辑结构设计的主要任务。
- 关系模式的评价和改进。

【难点】

- 结合业务需要，设计有效 E-R 图的方法。
- E-R 图转换为关系模式的方法。
- 使用规范化理论判断关系模式的规范化程度。

13.1 核心知识点

13.1.1 概念结构设计

1. 主要任务

根据需求分析获得的数据项和数据结构，设计与 DBMS 无关的 E-R 图。

2. 必要性

降低复杂数据库系统设计各阶段的难度，专注概念模型的设计。让设计人员在概念结构设计中，重点关注业务是否能够被 E-R 图有效表达，而不再关心与数据库系统实现有关的设计内容。

13.1.2 概念结构设计方法及步骤

1. 设计方法

使用 E-R 模型完成概念结构设计。E-R 模型的图元包括实体型、属性和联系。

（1）E-R 图的设计规范

实体型：矩形框，可以与属性和联系关联，不能与其他实体型直接关联。

属性：椭圆形框，可以与实体型和联系关联，不能与其他属性直接关联。

联系：菱形框，可以与实体型和属性关联，不能与其他联系直接关联。

（2）E-R 图中联系类型

主要分一对一（1∶1）、一对多（1∶n）和多对多（m∶n）联系，注意一对一联系可以看作一对多联系的特例。

辨别实体型联系的方法：分别从联系关联的每个实体型出发判断，如果均为一对一联系，则为一对一联系；如果两个实体型间有一方为一对多联系，有一方为一对一联系，则为一对多联系；如果参与实体型中出现了 2 个及以上的多对多联系，则为多对多联系。

2. 设计步骤

（1）局部 E-R 图设计

① 划分设计区域：根据关键业务线、系统使用部门或系统角色，完成每个业务线的局部 E-R 图设计。

② 区分属性与实体：通过分类和聚集的方法，明确需求分析获取的数据项之间的关系，确定实体和属性。

③ 明确实体和属性的设计程度：分析每个属性是否有必要进一步划分为更细粒度的属性，如果从业务支撑角度，无须细分，则保持现有属性；否则，还需要对属性进行细分，将属性转换为实体，重新设计 E-R 图。

（2）全局 E-R 图设计

① 将局部 E-R 图通过多元集成或二元集成的方法，集成为全局 E-R 图。

② 集成过程中注意消除属性冲突、命名冲突和结构冲突。

③ 集成过程中不断优化，消除冗余数据和冗余联系。

13.1.3 逻辑结构设计的任务和步骤

1. 主要任务

将概念结构设计得到的全局 E-R 图，通过关系模式转换规则，转换为满足规范化理论的关系模式。

2. 关键步骤

初始关系模式转换：按照关系转换原则将全局 E-R 图转换为关系模式。

关系模式规范化：验证转换后的关系模式是否为第三范式或 BC 范式。

关系模式的评价和改进：对关系模式进行功能和性能评价。

13.1.4 初始关系模式转换原则和具体做法

1. 关系模式转换原则

（1）实体转换原则

将每一个实体转换为一个关系模式，实体的名称为关系模式的名称，实体的属性是关系的属性，实体的码就是关系的主码。

（2）联系转换原则

将每一个联系转换为一个关系模式，联系的名称为关系模式的名称，联系的属性是关系的属性，与联系相关联的所有实体的码，加入联系所转换成的关系模式中，然后根据联系类型决定关系的码。

① 如果为 1 : 1 联系，则联系关联的每个实体的主码都可以是关系的候选码，根据业务需要，任选某一候选码作为主码即可。例如，班级和班主任两个实体间的属于联系，该属于联系的关系主码既可以是班级实体的主码，也可以是班主任实体的主码。

② 如果为 1 : n 联系，则联系关联的 n 端实体的主码是关系的主码。例如，学生和院系两个实体的属于联系，该属于联系的关系主码为学生实体的主码。

③ 如果为 n : m 联系，则联系关联的每个实体的主码的组合形成关系的主码。例如，学生和课程两个实体的选修联系，该选修联系的关系主码是由学生实体的主码和课程实体的主码构成的联合主码。

2. 关系模式规范化

使用规范化理论，逐一分析并判断每个转换后的关系模式的范式级别。

对于不满足第三范式或 BC 范式的关系模式，应用规范化理论和规范化方法，将关系模式转换为第三范式和 BC 范式，注意关系模式分解时性能和范式等级的权衡关系。

3．关系模式评价和改进

从功能评价和性能评价角度评价关系模式。其中，功能评价分析关系模式是否有效支撑了需求分析提到的用户所有需求。性能评价重点分析是否可通过模式合并等手段提高关系模式的性能。

关系模式合并过程中，将具有相同主码的关系模式尽量进行合并。

最后，根据业务需求，判断每个关系模式是否属性过多、属性使用频率是否存在差异、运维过程中是否因数据量较大容易成为瓶颈。如果属性较多且不同属性的使用频率差异较大，则适合采用垂直分解方式，将关系模式分解为两个或多个关系模式，关系模式通过一对一方式关联。如果因数据量较大可能成为瓶颈，则考虑进行水平分解，在积累一定量数据后，对数据表进行水平分割。

13.2 典型习题

一、选择题

1. 在数据库设计中，独立于计算机系统的模型是（　　）。

   A. E-R 模型　　B. 关系模型　　C. 层次模型　　D. 面向对象模型

2. 数据库概念结构设计的主要产出是（　　）。

   A. 设计全局 E-R 图　　B. 创建数据库使用说明

   C. 建立分层的数据流图　　D. 把测试数据加载到数据库中进行测试

3. E-R 图中联系可以与（　　）实体有关。

   A. 0 个　　B. 1 个　　C. 1 个或多个　　D. 多个

4. 如果两个实体的联系是 1：m，则实现 1：m 联系的方法是（　　）。

   A. 在多端关系模式中加入 1 端的码　　B. 将多端码加入 1 端中

   C. 相互将码放在对应关系模式中　　D. 将两个实体转为一个关系

5. 下列描述不正确的是（　　）。

   A. 每个实体型都将转换为一个关系模式

   B. 每个多对多联系都将转换为一个关系模式

   C. 每个联系最终都将转换为一个关系模式

   D. 在处理一对多联系的时候，可以不生成新的关系模式

二、填空题

1. 在概念结构设计阶段，根据________阶段产生的数据字典设计 E-R 图。

2. 假定当前 E-R 图中包含 A 和 B 两个实体，2 个实体以多对多方式联系，则转换后的关系模式数量为________。

3. 在关系模式转换过程中，最终________和________联系类型不会转换为新的关系模式。

4. 在数据库概念结构设计中使用________框描述实体型。

5. 在 E-R 模型中，发生在一个实体上的联系称为________。

三、简答题

1. 概述使用 E-R 图完成概念结构设计的方法。
2. 概述规范化理论对数据库设计的意义。
3. 如何理解 1 : n 关系最终并未产生新的关系模式。

13.3 实验任务

13.3.1 数据库概念结构设计

一、实验目的

结合需求分析得到的数据字典，根据实际业务需求抽象出实体、实体的属性和实体的联系及联系的属性。

根据 E-R 图的设计规范，结合抽象出的实体、属性和联系及联系的属性，设计描述局部业务数据关系的局部 E-R 图。

根据全局 E-R 图合并方法，在局部 E-R 图的基础上，能够合并、优化并形成描述整个系统的全局（初步）E-R 图。

二、实验内容

某高校计划开发一套在线教学资源（包含视频、图片等）评价及分享系统，使学生在第一课堂学习的基础上，还能够得到优质的辅助教学资源、浏览高评分优质课程。同时，该系统还可根据学生对资源的评分情况，提供其可能感兴趣的资源。

根据项目评估要求，需要优先开发一套满足基本业务需求的教学资源评价及分享系统，数据库设计人员通过走访与跟班作业的方式，了解到目前该系统的主要角色包括以下几类。

（1）非注册用户

非注册用户可以浏览和搜索目前系统中评分较高的各门课程的资源，但不能评价资源和收藏资源。

非注册用户经注册后，可转换为普通注册用户。

（2）普通注册用户

普通注册用户可以登录系统和对个人的基本信息（昵称、缩略图、邮箱、微信号、手机号码、出生日期、性别、个人简介、偏好专业门类等）进行维护，也可在忘记密码时，通过手机重置密码；还可以浏览、搜索、共享系统中各专业学科下的课程资源，并针对感兴趣的资源发表学习感受、进行评分或直接收藏。

（3）系统管理员用户

系统管理员可以管理系统中专业分类情况；可以管理系统中各类资源及资源的评价信息；可以管理普通用户的基本信息并对用户状态（激活状态、密码重置状态、冻结状态、删除状态）进行调整。

（4）系统超级管理员用户

系统超级管理员用户具有系统管理员的全部功能，可手动生成系统管理员的登录信息和基本信息。

对上述用户需要的业务按功能进行分类，梳理和整合后的系统功能如下。

（1）用户管理功能

用户注册：获取并存储用户输入的昵称、手机号码、密码、确认密码、性别等必要登录信息，以及缩略图、邮箱、微信号、出生日期、个人简介、2 个偏好专业门类等非必要个人信息。根据注册信息，获取用户注册时间并在系统中构建普通注册用户。

用户登录：获取并验证用户输入的用户名、密码、验证码等登录信息。当登录信息与系统中存储的激活状态用户信息匹配时，记录用户的登录时间和 IP 地址，允许用户登录并以普通注册用户身份使用系统，否则提示“用户名或密码出错”，重新获取用户登录信息。

普通注册用户密码重置：获取用户输入的注册手机号码，若手机号码与系统中存储的手机号码相匹配，则将重置密码状态和时间存储在系统中，并在用户登录时，根据系统中存储的重置密码情况，提示用户立即修改密码。若手机号码不匹配，则提示“手机号码不匹配”。

普通注册用户登录密码修改：获取用户录入的原密码、新密码和确认新密码，当原密码与用户现有密码匹配且新密码与确认密码一致时，修改用户密码，并记录用户密码修改时间。

普通注册用户登录手机号码修改：获取用户提供的原手机号码和原手机号码接收的手机验证码，若验证码匹配，获取并存储修改后的用户登录手机号码。

普通注册用户个人信息维护：获取用户的基本信息（手机号码除外）修改结果，将修改后的结果存储在系统中。

系统管理员用户生成：获取和存储系统超级管理员用户录入的系统管理员用户登录手机号码和密码信息，生成系统管理员用户。

普通注册用户列表：为系统管理员用户提供系统中普通注册用户列表。

系统管理员用户列表：为系统超级管理员用户提供系统管理员用户列表。

系统管理员用户修改用户信息：系统管理员用户可直接重置普通注册用户的密码或根据用户的表现行为修改用户状态。系统超级管理员用户也具有该功能。

系统超级管理员用户修改系统管理员用户信息：系统超级管理员用户可直接重置系统管理员用户的密码或根据系统管理员用户行为修改系统管理员用户状态。

（2）专业分类功能

系统管理员用户可按照国家标准构建 2 层级的专业分类，以便组织系统中各类资源。

每个层级内专业信息包括专业代码、专业名称、上级专业代码（顶级专业代码标识为-1）。每个专业代码创建和修改时需要保存创建或修改时间并保存管理员用户信息。

（3）教学资源管理功能

教学资源列表：按照无条件、资源名称、资源发布时间、资源评价分数、资源归属专业、资源类别（如视频、图片等）等检索系统中存储的各类教学资源。

教学资源发布：普通注册用户在发布教学资源时，需要提供资源的资源名称、资源归属专业（一个资源可能归属多个专业）、资源具体内容、资源描述、资源缩略图（非必须）等信息。资源经系统自动审核其敏感性和内容性后即可发布。

教学资源收藏：普通注册用户可收藏多个感兴趣的教学资源，系统需要保存收藏时间以判断收藏的推荐价值。

教学资源评分：普通注册用户可对已经发布的教学资源提供1～5分的评分，系统需要保存评分的时间以判断评分的价值。

教学资源评价：普通注册用户可对资源进行文字性短评，系统需要保存评价的时间以便于排序评价内容。

教学资源删除或修改：普通注册用户可修改或删除其已经发布的资源，为确保已收藏用户在查看资源时不存在故障，资源删除为调整教学资源的状态为非激活状态。修改后的教学资源需要重新经过系统自动审核，才能从“审核中”状态调整为“发布”状态。管理员用户可对所有教学资源进行修改和删除。

教学资源推荐：系统可根据普通用户对已有教学资源的评价情况，按照协同过滤推荐方法对该用户推荐其可能感兴趣的教学资源列表。

请完成以下实验。

（1）根据用户管理功能，抽象出覆盖用户管理需要的局部E-R图。要求设计E-R图中实体、属性和联系，并使用中文标注实体、属性和联系。

（2）根据专业分类和教学资源管理功能，抽象出覆盖专业分类和教学资源管理需要的局部E-R图。要求设计E-R图中实体、属性和联系，并使用中文标注实体、属性和联系。

（3）审查设计完成的局部E-R图，分析是否可以进行局部E-R图的优化工作。重点关注设计的局部E-R图是否存在数据冗余、插入异常、删除异常和更新异常。

（4）将两个局部E-R图合并成描述系统的全局E-R图。重点关注合并过程中的各类冲突。

13.3.2 数据库逻辑结构设计

一、实验目的

根据给定的全局E-R图，能够正确运用模式转换规则，将E-R图中实体和联系转换为关系模式，并能够标注各关系模式的主码和外码。

能够运用规范化理论，分析关系模式的范式级别并对不满足3NF或BCNF的关系模式进行分解，达到指定的范式级别要求。

能够运用模式合并和分解方法，优化关系模式。

二、实验内容

根据13.3.1小节实验所得的全局E-R图，完成以下实验。

（1）根据设计完成的全局E-R图，通过E-R图到关系模式的转换方法，将全局E-R图转换为关系模式，并注明每个关系模式的主码和外码。

（2）根据规范化理论，分析转换后的关系模式属于第几范式。

（3）运用关系模式合并方法，优化关系模式。

（4）分析各关系模式预期数据增长情况，对潜在增长速度较快的关系模式提供关系模式分解方案。

13.4 习题解答

13.4.1 教材习题解答

一、选择题

1. C。E-R 图中不包含元组。

2. B。在合成全局 E-R 图时，不存在语法冲突。

3. C。根据关系模式转换规则，多对多联系转换成的关系模式的主码为参与联系实体型的所有主码。

4. D。概念结构设计的基础是需求分析规格说明书，需求分析规格说明书描述的是企业组织的信息需求，非开发方的需求。

5. B。设计 E-R 图是数据库概念结构设计阶段的主要工作。

6. B。根据转换规则，一对多联系转换成关系模式时应选择多端实体型的主码作为其主码。

7. C。3 个实体型，每个实体型都转换成 1 个关系模式；3 个多对多联系，每个都转换为 1 个关系模型。最终一共有 6 个关系模式。

二、填空题

1. 概念结构设计。
2. 概念结构设计。
3. 命名冲突；属性冲突；结构冲突。
4. 逻辑结构设计。
5. 水平分解；垂直分解。

三、设计题

1.（1）图书管理系统的 E-R 图如图 13-1 所示。

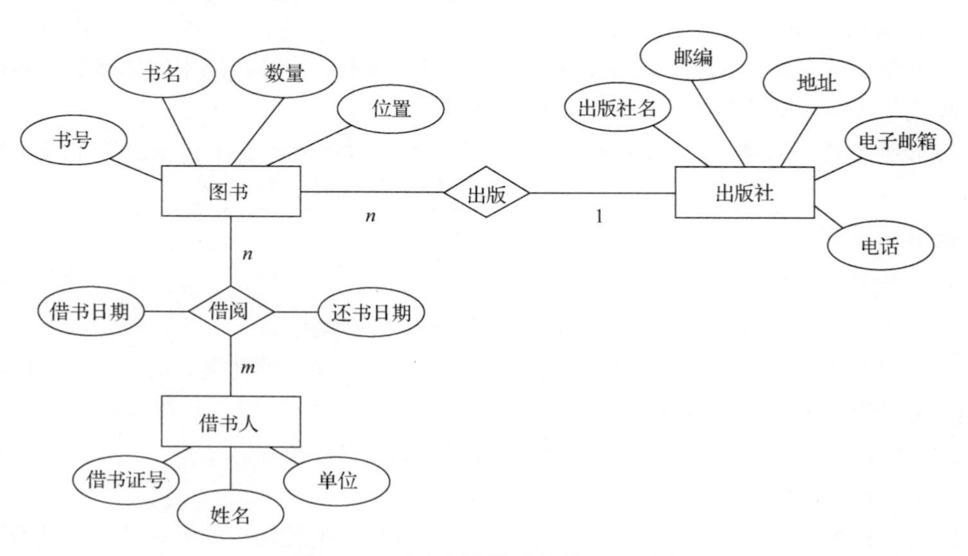

图 13-1 图书管理系统的 E-R 图

（2）关系模式如下。

图书（书号，书名，数量，位置，出版社名）。

借书人（借书证号，姓名，单位）。

出版社（出版社名，邮编，地址，电子邮箱，电话）。

借阅（借书证号，书号，借书日期，还书日期）。

（3）每个关系模式已使用属性下画线标注主码。

2.（1）计算机管理系统中有关信息的E-R图如图13-2所示。

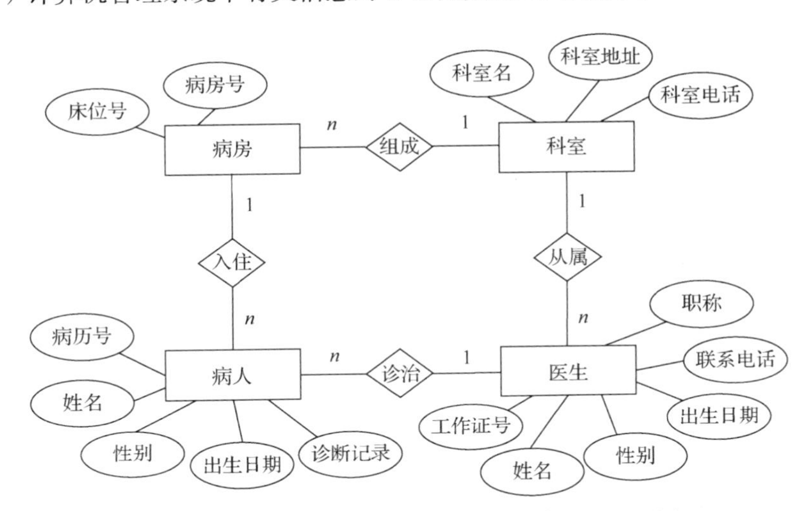

图13-2　计算机管理系统中有关信息的E-R图

（2）关系模式如下。

科室（科室名，科室地址，科室电话）。

病房（病房号，床位号，所属科室）。

医生（工作证号，姓名，性别，出生日期，联系电话，职称，所属科室名）。

病人（病历号，姓名，性别，出生日期，诊断记录，主管医生，病房号，床位号）。

（3）各关系模式的范式等级和对应的候选码如下。

科室（科室名，科室地址，科室电话）：候选码为科室名，至少为第三范式。

病房（病房号，床位号，所属科室）：候选码为病房号和床位号，至少为第三范式。

医生（工作证号，姓名，性别，出生日期，联系电话，职称，所属科室名）：候选码为工作证号，至少为第三范式。

病人（病历号，姓名，性别，出生日期，诊断记录，主管医生，病房号，床位号）：候选码为病历号，至少为第三范式。

3.（1）排课系统的E-R图如图13-3所示。

（2）关系模式如下，其中每个关系模式使用属性下画线标注主码。

course（cid，cname，chour，ctype）。

classroom（crid，crname，crbuilding）。

teacher（tid，tname）。

course arrangement（cid，crid，tid，cdate，carrage）。

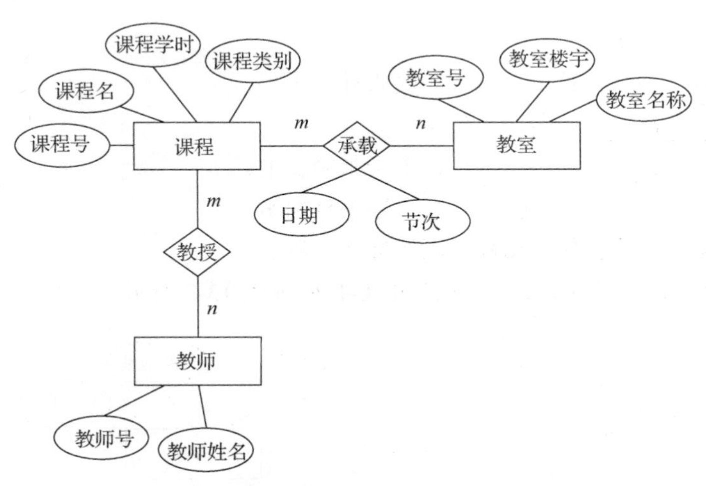

图 13-3　排课系统的 E-R 图

（3）创建课程实体的 SQL 语句如下。

```
CREATE TABLE course
(cid CHAR(8) PRIMARY KEY,
 cname VARCHAR(20) NOT NULL,
 chour INT NOT NULL,
 ctype INT);
```

4.（1）图书管理系统的 E-R 图如图 13-4 所示。

（2）关系模式如下，其中每个关系模式使用属性下画线标注主码。

book（<u>bookid</u>，bookname，num）。

bookuser（<u>tid</u>，username，age）。

borrow（<u>bookid</u>，<u>tid</u>，borrow_time，return_time）。

（3）创建用户实体的 SQL 语句如下。

```
CREATE TABLE bookuser
(tid CHAR(8) PRIMARY KEY,
 username VARCHAR(20) NOT NULL,
 age INT,
);
```

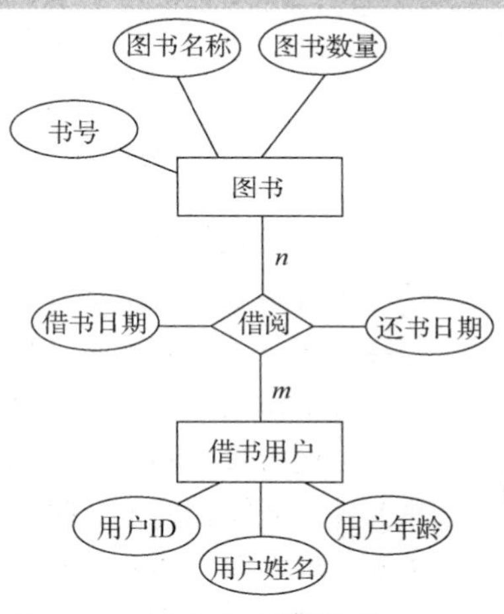

图 13-4　图书管理系统的 E-R 图

13.4.2　典型习题解答

一、选择题

1. A。E-R 模型是独立于计算机系统的模型，可以根据实现需要，在具体系统中选用关系模型、层次模型和面向对象模型进行实现。

2. A。概念结构设计的主要产出是设计全局 E-R 图。

3. C。联系可以在 1 个实体上，表示自相关，也可以在多个实体上，表示多个实体间的联系。

4. A。根据关系模式转换规则，如果是 1∶m 的联系，则在转换后，应将 1 端的码放入 m 端关系模式中。

5. C。根据关系模式转换规则和最终关系模式合并的结构，一对多联系和一对一联系是不会产生新的关系模式的。

二、填空题

1. 需求分析。

2. 3 个。

3. 1∶1；1∶n。

4. 矩形。

5. 自连接。

三、简答题

1. 首先开展局部 E-R 图设计，然后集成全局 E-R 图，最后对全局 E-R 图进行规范性分析和优化。

2. 使用规范化理论有助于提高概念结构设计和逻辑结构设计的规范性。在概念结构设计中，规范化理论可用于分析全局 E-R 图的规范性，进而改进 E-R 图。在逻辑结构设计中，规范化理论可用于分析关系模式的规范化等级，进而消除关系模式中可能存在的各种异常，改善关系的完整性、一致性和存储效率。

3. 在逻辑结构设计中，虽然根据关系转换原则，1∶n 关系生成了新的关系模式，但该关系模式的码和多端的码相同，因此，在关系模式合并中，新生成的关系模式与多端合并为新的关系模式，通过外码方式关联，所以最终并未产生新的关系模式。

13.5 实验任务解答

13.5.1 数据库概念结构设计

一、实验目的

结合需求分析得到的数据字典，根据实际业务需求抽象出实体、实体的属性和实体的联系及联系的属性。

根据 E-R 图的设计规范，结合抽象出的实体、属性和联系及联系的属性，设计描述局部业务数据关系的局部 E-R 图。

根据全局 E-R 图合并方法，在局部 E-R 图的基础上，能够合并、优化并形成描述整个系统的全局（初步）E-R 图。

二、实验内容

（1）根据用户管理功能，抽象出覆盖用户管理需要的局部 E-R 图，如图 13-5 所示。

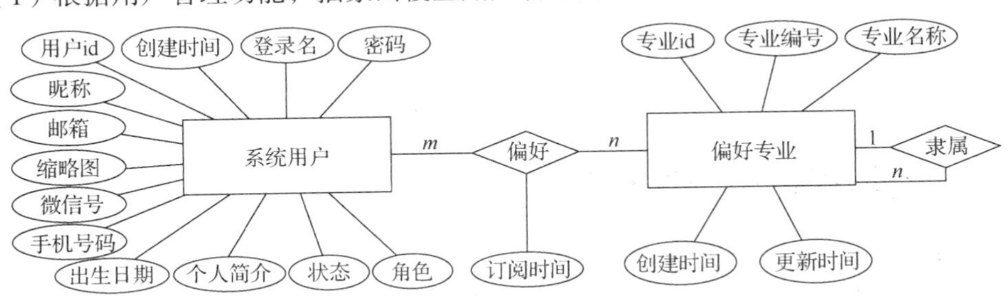

图 13-5 覆盖用户管理需要的局部 E-R 图

（2）根据专业分类和教学资源管理功能，抽象出覆盖专业分类和教学资源管理需要的局部 E-R 图，如图 13-6 所示。

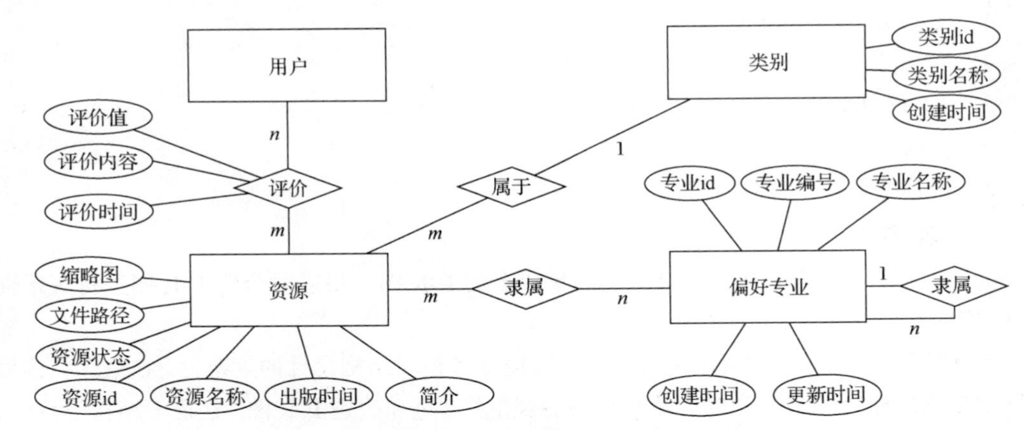

图 13-6　覆盖专业分类和教学资源管理需要的局部 E-R 图

（3）已经设计完成的局部 E-R 图无异常。

（4）将两个局部 E-R 图合并成描述系统的全局 E-R 图，如图 13-7 所示。

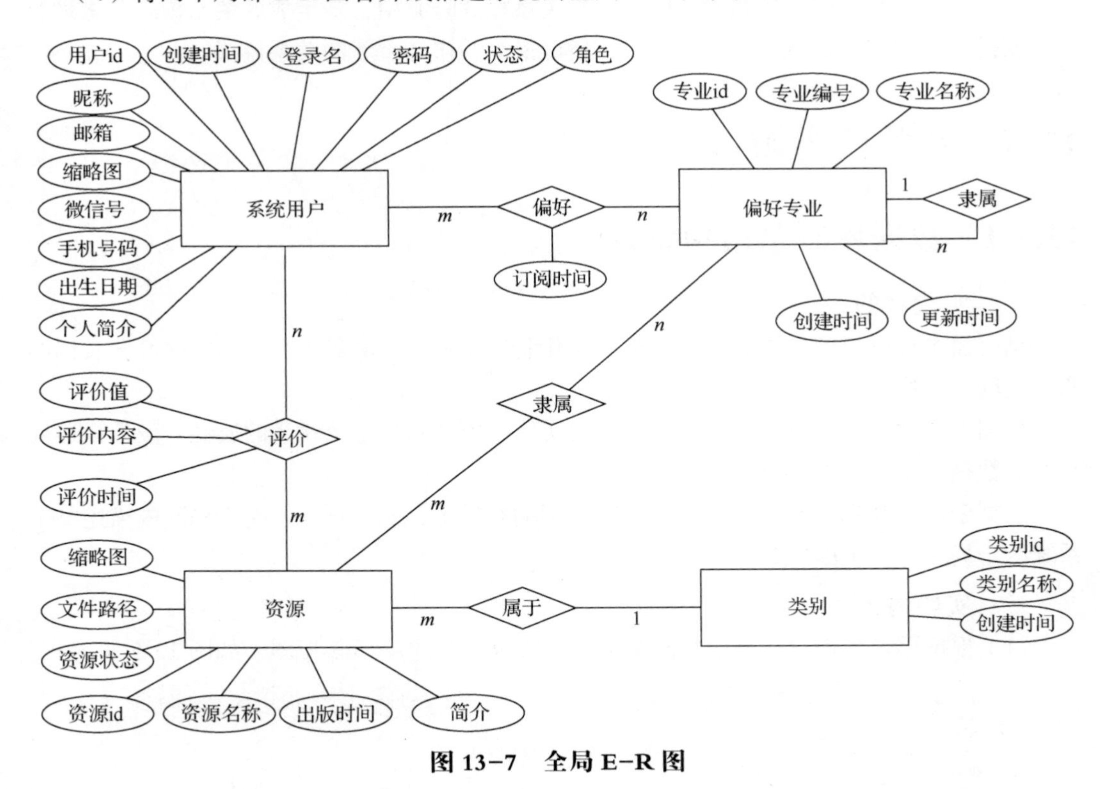

图 13-7　全局 E-R 图

13.5.2　数据库逻辑结构设计

一、实验目的

根据给定的全局 E-R 图，能够正确运用模式转换规则，将 E-R 图中实体和联系转换为关系模式，并能够标注各关系模式的主码和外码。

能够运用规范化理论，分析关系模式的范式级别并对不满足 3NF 或 BCNF 的关系模式进行分解，达到指定的范式级别要求。

能够运用模式合并和分解方法，优化关系模式。

二、实验内容

根据 13.3.1 小节实验所得的全局 E-R 图，完成以下实验。

（1）根据设计完成的全局 E-R 图，通过 E-R 图到关系模式的转换方法，将全局 E-R 图转换为关系模式，并注明每个关系模式的主码和外码。结果如下。

系统用户（用户 id，创建时间，登录名，密码，状态，角色，昵称，邮箱，微信号，手机号码，出生日期，个人简介）。

偏好专业（专业 id，专业编号，专业名称，上级专业编号，创建时间，更新时间）。

偏好（用户 id，专业 id，订阅时间）。

资源（资源 id，资源名称，出版时间，简介，缩略图，文件路径，资源状态，类别 id）。

类别（类别 id，类别名称，创建时间）。

评价（用户 id，资源 id，评价值，评价内容，评价时间）。

（2）根据规范化理论，转换后的关系模式都属于 3NF。

（3）运用关系模式合并方法，可得出（1）中关系模式已经为优化后的结果。

（4）分析各关系模式预期数据增长情况，对潜在增长速度较快的关系模式提供关系模式分解方案，如下所述。

在系统运行过程中，随着评价数量的增加，评价关系模式的数据量将比其他关系模式的数据量增长更快。为降低数据量增长对评价关系查询和综合利用等行为的效率的影响，可考虑采用水平分解方式，将评价表按照时间维度划分为 2 张表，近期评价表存储近 1 年的评价数据，供查询算法高频查询使用，另一张表存储其他数据，供查询历史数据时使用。

第 14 章 数据库物理结构设计、实施和运行维护

本章知识导图

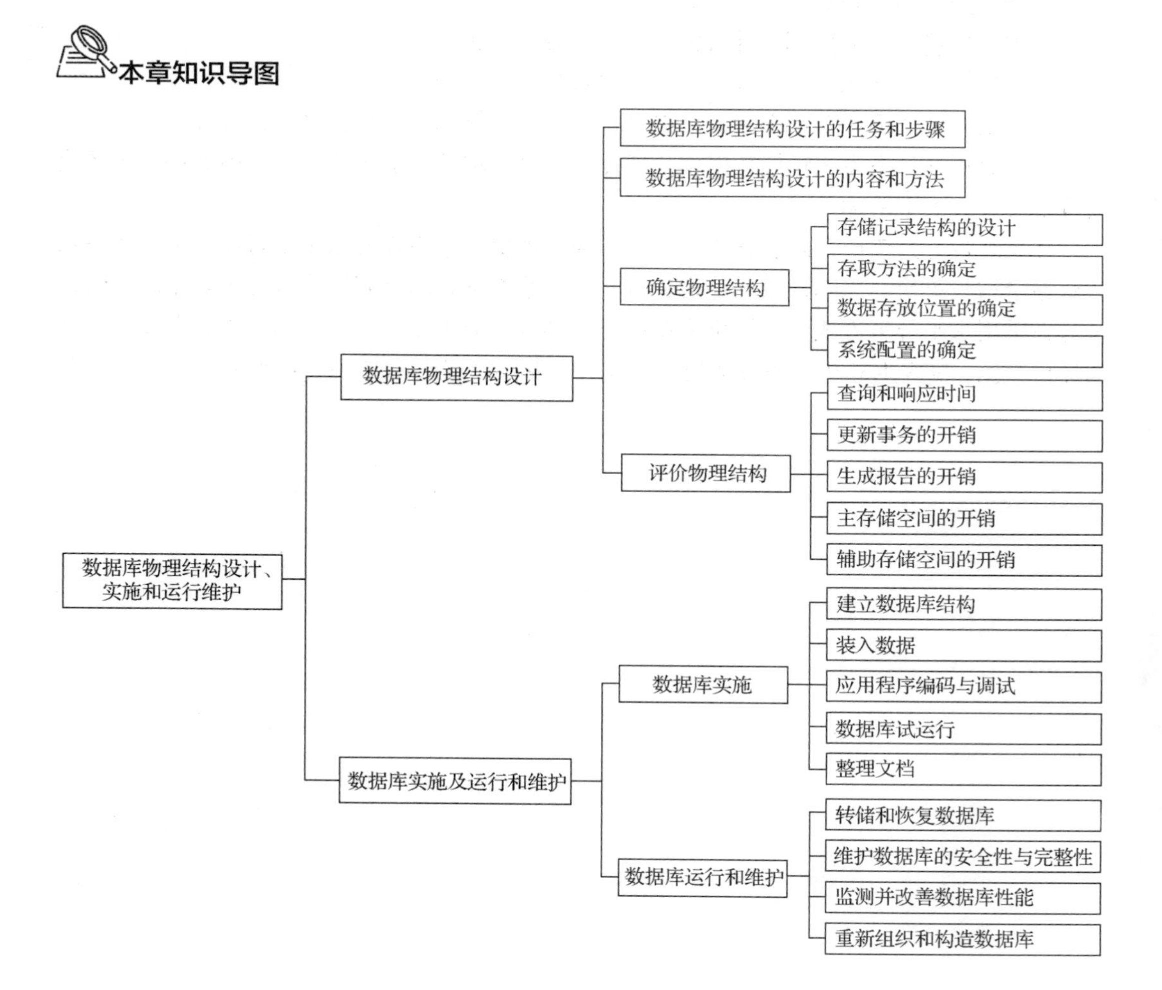

学习目标

- 理解数据库物理结构设计的任务，能够在概念结构设计的基础上进行合理的物理结构设计。
- 掌握数据库设计的基本方法。
- 了解数据库实施和运行维护的主要工作。

重难点

【重点】

- 数据库的物理结构设计。
- 数据库实施步骤。
- 数据库运行维护阶段的主要任务。

【难点】

- 能够根据概念结构设计的结果，进行合理的物理结构设计。

14.1 核心知识点

14.1.1 数据库物理结构设计

1. 数据库物理结构设计的任务和步骤

数据库物理结构设计的任务是以逻辑结构设计的结果作为输入，结合具体 DBMS 的特点与存储设备特性进行设计，选定数据库在物理设备上的存储结构和存取方法。即为了有效地实现逻辑模式，确定所采取的存储策略。

数据库物理结构设计通常分为两步：确定物理结构和评价物理结构。

2. 数据库物理结构设计的内容和方法

关系数据库的物理结构设计工作内容主要包括：确定数据的存储结构；设计合适的存取路径；确定数据的存放位置；确定系统配置。

3. 确定物理结构

（1）存储记录结构的设计

决定存储结构的主要因素包括存取时间、存储空间和维护代价 3 方面。一般 DBMS 也提供一定的灵活性可供选择，包括聚集和索引。

① 聚集

聚集就是为了提高查询速度，把在一个（或一组）属性上具有相同值的元组集中地存放在一个物理块中。

聚集具有两个作用：聚集值不必在每个元组中重复存储，只要在一个元组中存储一次即可，可以节省存储空间；可以大大提高按聚集码进行查询的效率。

② 索引

在主码上应该建立唯一索引，这样不但可以提高查询速度，还能避免主码重复值的输入，确保了数据的完整性。

如果对某些非主属性的检索很频繁，可以考虑建立这些属性的索引文件。

建立多个索引文件可以缩短存取时间，但增加了索引文件所占用的存储空间以及维护的开销。索引的建立应该根据实际需要综合考虑：如果查询多，并且对查询的性能要求比较高，则可以考虑多建立一些索引；如果数据更改多，并且对更改的效率要求比较高，则应该考虑少建立一些索引。

（2）存取方法的确定

存取方法是为存储在物理设备上的数据提供存储和检索能力的方法。一个存取方法包括存储结构和检索结构两个部分。

存取路径的设计分为主存取路径的设计与辅存取路径的设计。

（3）数据存放位置的确定

为了提高系统性能，应该根据应用情况将数据的易变部分、稳定部分、经常存取部分和存取频率较低部分分开存放。

（4）系统配置的确定

系统配置变量和存储分配参数包括：同时使用数据库的用户数、同时打开的数据库对象数、内存分配参数、缓冲区分配参数（使用的缓冲区长度、个数）、存储分配参数、数据库的大小、时间片的大小、锁的数目等，这些变量和参数影响存取时间和存储空间的分配，在进行物理结构设计时要根据应用环境确定这些参数值，以使系统的性能达到最优。

4. 评价物理结构

在物理结构设计过程中要对时间效率、空间效率、维护代价和各种用户要求进行权衡，这一过程中可以产生多种方案，设计人员必须围绕上述指标对这些方案进行定量估算，分析其优缺点，并进行权衡、比较，选择出一个较合理的物理结构。

评价物理结构设计的方法依赖于具体的 DBMS，主要需要考虑查询和响应时间、更新事务的开销、生成报告的开销、主存储空间的开销和辅助存储空间的开销，设计人员要综合考虑这些方面做出合理的评价，选择出合适的物理结构设计方案。

14.1.2 数据库实施及运行和维护

1. 数据库实施

数据库实施是指根据逻辑结构设计和物理结构设计的结果，在计算机上建立起实际的数据库结构、装入数据、进行测试和试运行的过程。

（1）建立数据库结构

DBMS 提供的数据定义语言（Data Definition Language，DDL）可以定义数据库结构。此外，建立数据库结构还包括创建索引、存储过程等。

（2）装入数据

装入数据又称为数据库加载（Loading），是数据库实施阶段最主要的工作。

为了保证装入数据库中数据的正确无误，必须高度重视数据的检验工作。在输入子系统的设计中应该考虑多种数据检验技术，在数据转换过程中应使用不同的方法进行多次检验，确认正确后方可入库。

数据的清洗、分类、综合和转换常常需要多次才能完成，因而输入子系统的设计和实施是很复杂的，需要编写许多应用程序。

目前，很多 DBMS 都提供了数据导入的功能，有些 DBMS 还提供了功能强大的数据转换功能，如可以借助 MySQL 的导入和导出功能完成数据加载的部分工作。

（3）应用程序编码与调试

数据库应用程序的设计除具备一般的程序设计特点，还有一些特殊的特点，如大量使用屏幕显示控制语句、形式多样的输出报表、数据的有效性和完整性检查、有灵活的交互功能等。

为了加快应用系统的开发速度，一般选择集成开发环境，利用代码辅助生成、可视化设计、代码错误检测和代码优化技术，实现高效的应用程序编写和调试。

（4）数据库试运行

数据库试运行应该按照支持的各种应用分别测试应用程序在数据库上的操作情况，该阶段也称为联合调试阶段。该阶段主要完成两方面的工作：功能测试和性能测试。

如果测试的结果不符合设计目标，则应返回设计阶段，重新修改设计和编写程序，有时甚至需要返回逻辑结构设计阶段，调整逻辑结构。

数据库试运行阶段必须做好数据库的转储和恢复工作，这要求数据库开发人员熟悉 DBMS 的转储和恢复功能，并根据调试方式和特点加以实施，尽量减少对数据库的破坏，并简化故障恢复操作。

（5）整理文档

完整的文件资料是应用系统的重要组成部分。

在应用程序编码、调试和试运行时，数据库开发人员应该随时将发现的问题和解决方法记录下来，将它们整理存档作为资料，供以后正式运行和改进时参考。全部的调试工作完成之后，数据库开发人员还应该编写测试报告、应用系统的技术说明书和使用说明书，在正式运行时随系统一起交给用户。

2. 数据库运行和维护

对数据库进行评价、调整、修改等维护工作是一个长期任务，也是数据库设计工作的继续和提高。数据库运行和维护阶段的主要任务包括转储和恢复数据库、维护数据库的安全性与完整性、监测并改善数据库性能、重新组织和构造数据库。

（1）转储和恢复数据库

数据库的转储和恢复是系统正式运行后最重要的维护工作。

数据库管理员应针对不同的应用需求制订不同的转储计划，定期对数据库和日志文件进行备份，将其转储到其他磁盘，同时数据库管理员也应该能利用数据库备份和日志文件备份进行恢复，尽可能减少对数据库的破坏。

（2）维护数据库的安全性与完整性

数据库管理员应按照数据库设计阶段提供的安全规范和故障恢复规范，以及实际运行过程中的情况，调整相应的授权和密码，保证数据库的安全性。

数据库的完整性约束条件也可能会随应用环境的改变而改变，这时数据库管理员也要对其进行调整，以满足用户的要求。

（3）监测并改善数据库性能

监测数据库的运行情况，并对监测数据进行分析，找出能够提高性能的可行性，并适当地对数据库进行调整。

（4）重新组织和构造数据库

对数据库进行重新组织，即重新安排数据的存储位置，回收垃圾，改进数据库的响应时间和空间利用率，提高系统性能。

数据库的重新组织并不修改原设计的逻辑结构，而数据库的重新构造则不同，它要部分修改数据库的模式和内模式。

数据库应用环境的变化可能导致数据库的逻辑结构发生变化，这使原有的数据库设计不能满足新的要求，必须对原来的数据库重新构造，适当调整数据库的模式和内模式。

只要数据库系统在运行，就需要不断地进行修改、调整和维护。

14.2 典型习题

一、选择题

1. 确定在计算机的物理设备上应采取的数据存储结构、存取方法以及如何分配存储空间等问题是（　　）阶段的任务。

   A. 需求分析　　B. 物理结构设计　　C. 概念结构设计　　D. 逻辑结构设计

2. 数据库设计可划分为6个阶段，每个阶段都有自己的设计内容，“为哪些关系在哪些属性上建什么样的索引”这一设计内容应该属于（　　）阶段。

   A. 概念结构设计　　B. 逻辑结构设计　　C. 物理结构设计　　D. 全局设计

3. 从数据库物理结构角度来看，不需要解决的问题是（　　）。

   A. 文件的组织　　B. 文件的结构　　C. 索引技术　　D. 文件的维护

4. 索引是影响关系数据库性能的重要原因之一。下列关于索引的说法，错误的是（　　）。

   A. 建立索引是典型的以空间换时间的做法，因此在设计索引时需要在空间与时间两者间进行适当权衡

   B. 如果SQL语句书写不当，索引可能不会被使用。一般可以采用查看SQL语句执行计划的方法检查索引是否被使用

   C. 向数据表插入数据时，在该数据表上建立的索引有助于提高数据插入语句的执行效率

   D. 数据库管理系统中最常用的索引结构是B树，有些数据库管理系统也提供位图等其他类型的索引结构

5. 以下关于数据库试运行的概念及其意义的说法，错误的是（　　）。

   A. 数据库应用程序调试完成，并且已有一小部分数据入库，就可以开始数据库的试运行

   B. 数据库的试运行也称为联合运行

   C. 可以通过试运行来进一步检验应用程序在真实或接近真实的环境下是否符合设计要求

   D. 数据库的试运行对于系统设计的性能检测和评价是十分重要的

二、简答题

1. 举例说明在进行数据库物理结构设计时，在不同列上建立索引对检索效率的影响。

2. 某学校的学籍管理系统实现了对学生学籍信息的管理，其中学生表结构如下：学生（学号，姓名，性别，系号，是否有学籍）。此表中除学号列有唯一索引外，其他列均无索引。假设在该系统中经常执行如下形式的操作。

```
SELECT * FROM 学生
WHERE 姓名='张三' AND 系号='10' AND 是否有学籍='有'
```

系统工程师发现这类操作的效率比较低，因此建议在“系号”“姓名”和“是否有学籍”这 3 列上分别建立索引，以提高查询效率。请问：其建议建立的 3 个索引是否都能提高查询效率？请简要说明原因。

14.3 习题解答

14.3.1 教材习题解答

一、选择题

1. B。数据库实施阶段的工作包括建立数据库结构、装入数据（数据库加载）、应用程序编码与调试、数据库试运行和整理文档。

2. A。数据库物理结构设计工作主要包括确定数据的存储结构、设计合适的存取路径、确定数据的存放位置和确定系统配置。

3. D。只要数据库系统在运行，就需要不断地进行修改、调整和维护，故 A 选项错误。数据库运行和维护阶段的主要任务包括转储和恢复数据库、维护数据库的安全性与完整性、监测并改善数据库性能、重新组织和构造数据库，故选项 B 和 C 错误。

4. A。决定存储结构的主要因素包括存取时间、存储空间和维护代价 3 个方面。

5. A。数据库设计包括数据库系统规划阶段、需求分析阶段、设计阶段、实现阶段、加载和测试阶段、运行和维护阶段共 6 个阶段。其中设计阶段包含概念结构设计、逻辑结构设计和物理结构设计。E-R 模型设计是概念结构设计阶段的主要任务。

6. D。确定数据的存储结构是数据库物理结构设计的工作内容之一。

二、简答题

1. 关系数据库的物理结构设计主要包括以下工作内容。

（1）确定数据的存储结构：影响数据结构的因素主要包括存取时间、存储空间和维护代价，在设计时应当根据实际情况对这 3 方面综合考虑，如利用 DBMS 的索引功能等，力争选择一个最优的方案。

（2）确定合适的存取方法：主要指确定如何建立索引。例如，确定应该在哪些关系模式上建立索引，在哪些列上可以建立索引，建立多少个索引合适，是否建立聚集索引等。

（3）确定数据的存放位置：为了提高系统的存取效率，应将数据分为易变部分、稳定部分、经常存取部分和存取频率较低部分，确定哪些存放在高速存储器上，哪些存放在低速存储器上。

（4）确定系统配置：数据库设计人员和数据库管理员在进行数据存储时要考虑物理优化的问题，这就需要重新设置系统配置的参数，如同时使用数据库的用户数、同时打开的数据库对象数、缓冲区的长度及个数、时间片的大小、锁的数目等，这些参数将直接影响存取时间和存储空间的分配。

数据库物理结构设计分为以下两步。

（1）确定物理结构，即确定数据库的存取方法和存储结构。

（2）评价物理结构，评价的重点是时间和空间效率。

2. 数据库实施是指根据逻辑结构设计和物理结构设计的结果，在计算机上建立起实际的数据库结构、装入数据、进行测试和试运行的过程。

数据库实施阶段主要完成以下工作。

（1）建立数据库结构。

（2）装入数据。

（3）应用程序编码与调试。

（4）数据库试运行和整理文档。

3. 数据库系统投入正式运行，标志着数据库应用开发工作的基本结束，但并不意味着设计过程已经结束。在这一阶段，应由数据库管理员不断地对数据库设计进行评价、调整、修改，即对数据库进行经常性的维护。数据库运行和维护阶段的主要维护工作包括以下4项。

（1）转储和恢复数据库。

（2）维护数据库的安全性与完整性。

（3）监测并改善数据库性能。

（4）重新组织和构造数据库。

14.3.2 典型习题解答

一、选择题

1. B。通常物理结构设计阶段的主要任务包括：确定数据的存储结构；确定合适的存取路径；确定数据的存放位置；确定系统配置。故正确答案为B选项。

2. C。物理结构设计中，设计合适的存取路径主要指确定如何建立索引。例如，确定应该在哪些关系模式上建立索引，在哪些列上可以建立索引，建立多少个索引合适，是否建立聚集索引等。故正确答案为C选项。

3. D。通常物理结构设计阶段的主要任务包括：确定数据的存储结构；确定合适的存取路径；确定数据的存放位置；确定系统配置。其中确定数据的存储结构包含文件的组织和文件的结构，设计合适的存取路径主要指如何建立索引，故不需要解决的问题是D选项。

4. A。索引技术是一种快速文件访问技术，它将一个文件的每个记录在某个或某些域上的取值与该记录的物理地址直接联系起来，提供了一种根据记录域的取值快速访问文件记录的机制。故A选项不正确。

5. B。数据库应用程序调试完成，并且已有一小部分数据入库，就可以开始数据库的试运行，数据库的试运行也称为联合调试。试运行的意义：可以通过试运行来进一步检验应用程序在真实或接近真实的环境下是否符合设计要求；数据库的试运行对系统设计的性能检测和评价十分重要。故B选项是错误的。

二、简答题

1. 索引的建立可以提高查询效率，通常会在经常作为查询条件的列上建立索引，如在学生表中的学号列上建立索引，以提高查询效率；但如果在学生表中的性别列上建立索引，由于性别只能取值“男”或“女”，每次检索时，对应一半的元组，因此不能明显提高效率。所以在那些取值很少的列上通常不建立索引。

2. 在“姓名”和“系号”列上建立索引能够提高查询效率。但“是否有学籍”列只有两种取值：“是”或“否”。若在其上建立索引，每次检索都对应一般的元组，不能明显加快检索速度。

第 15 章 存储过程与存储函数

本章知识导图

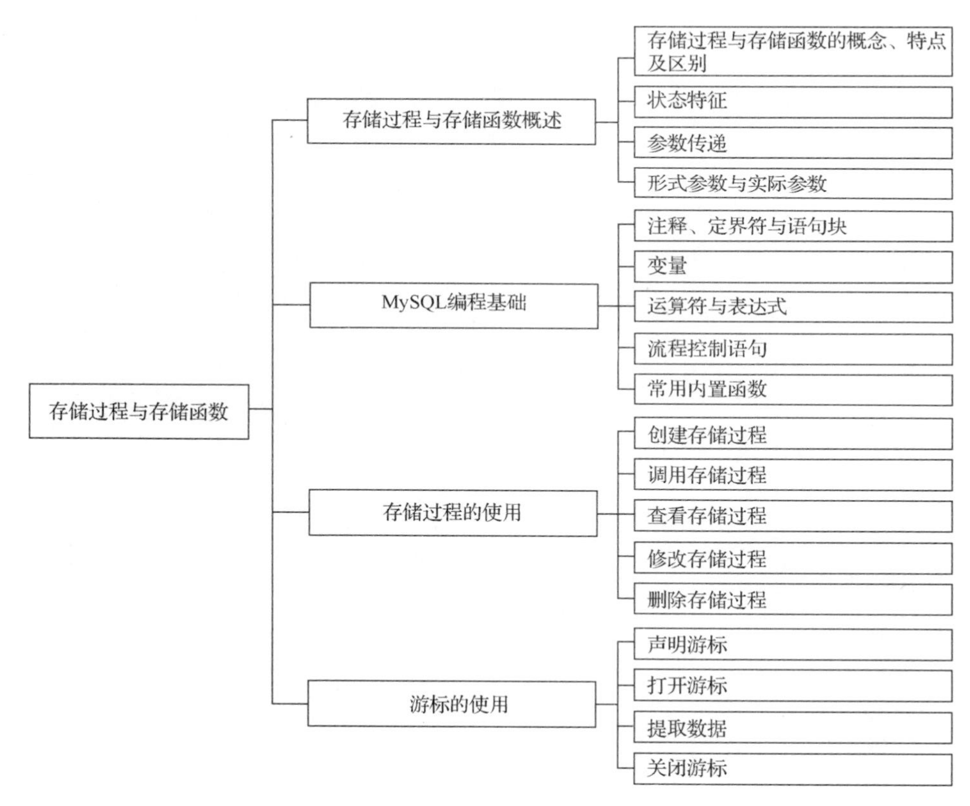

学习目标

- 理解存储过程、用户自定义函数（存储函数）和游标的相关概念、特点。
- 掌握 MySQL 编程过程中常用的编程要素，包括变量、内置函数、运算符、表达式以及流程控制语句等。

- 能够利用 MySQL 编程要素和 SQL 语句，根据实际需要，创建、修改、删除、查看和执行存储过程或存储函数。
- 能够声明、打开、关闭游标，并使用游标从结果集中提取数据。

重难点

【重点】

- 存储过程与存储函数的概念与特点，二者的区别。
- 变量的种类、定义与赋值，各种运算符及其运算规则，常用内置函数的使用。
- 流程控制语句的使用、执行过程和机理。
- 存储过程和存储函数的创建、修改、删除、查看和调用。
- 游标的概念和工作机理，游标的定义、打开和关闭。
- 利用游标对结果集中的数据进行操作。

【难点】

- 存储过程和存储函数的参数种类及其作用，调用时的参数传递。
- 利用游标提取结果集中的数据与错误处理机制。

15.1 核心知识点

15.1.1 MySQL 编程基础

1. 定界符与语句块

（1）定界符

MySQL 的命令行结束符默认是“;”，即遇到以“;”结束的语句后，按“Enter”键，MySQL 会自动执行该语句行。为了使创建存储过程（或函数）的多条语句作为一个整体来执行，需要使用 DELIMITER 语句对默认结束符进行改变，语法格式如下。

```
DELIMITER new_delimiter;
```

其中，new_delimiter 表示新定义的定界符，可以是“//”“$$”等，如 DELIMITER $$。

DELIMITER;表示把定界符还原为默认的“;”。

（2）语句块

语句块是由若干条语句构成的程序代码单元，在逻辑上被当作一个整体对待，在 MySQL 中用“BEGIN…END”语句定义一个语句块，语法格式如下。

```
BEGIN
  statement_list
END;
```

其中，statement_list 表示语句块，其中可包含若干条语句。

2. 变量

（1）变量的概念

变量相当于容器，用于在程序中保存数据或用其值参加运算。变量具有变量名、变量

值和数据类型 3 方面要素，变量名就是变量的名称，用于区分变量；变量值就是变量容器中存储的数据，变量值可以通过赋值进行改变；数据类型是变量值所属的数据类型，如 INT、VARCHAR 等，可以是 MySQL 所规定的数据类型。

（2）变量的种类、定义与赋值

从变量的生存期和作用域范围来看，MySQL 编程中可以使用 3 种类型的变量，即用户会话变量、局部变量、系统变量。

① 用户会话变量

用户会话变量就是在某一用户会话连接空间内定义的变量，隶属于某个用户客户端与 MySQL 服务器连接的特定会话，其他客户端无法看到或使用由另一个客户端定义的用户会话变量，当某个用户与 MySQL 服务器连接断开后，其会话空间将被释放，因而其所定义的所有会话变量均消失。

用户会话变量无须提前定义和赋值，直接写明变量名（前面加“@”）即可使用，变量的初值为 NULL。

用户会话变量可以使用 SET 语句或 SELECT 语句进行赋值。

使用 SET 语句赋值时，可以使用赋值号“=”或“:=”，语法格式如下。

```
SET @variable_name1=expression1[,@variable_name2=expression2,…];
```

或者使用如下格式。

```
SET @variable_name1:=expression1[,@variable_name2:=expression2,…];
```

使用 SELECT 语句赋值时，只能使用赋值号“:=”，语法格式如下。

```
SELECT @variable_name1:=expression1[,@variable_name2:=expression2,…];
```

或者使用如下格式。

```
SELECT expression1 INTO @variable_name1;
```

此处的 variable_name1、variable_name2、…是变量的名称，需要由用户给出，expression1、expression2、…是给变量赋值的内容。

② 局部变量

局部变量是在 MySQL 程序代码中的一个语句块（BEGIN…END）内部定义的变量，其作用范围仅限于定义该变量的语句块，超出这个范围，局部变量就失效。

局部变量必须先用 DECLARE 命令声明后才可使用，声明的语法格式如下。

```
DECLARE variable_name[, …] datatype(size)  DEFAULT default_value;
```

其中，variable_name 是变量的名称（变量名前不能加“@”），由用户给定，同时声明的多个变量之间用英文逗号隔开；datatype 用来指定变量的数据类型，可以是 MySQL 能够支持的所有数据类型，如 INT、VARCHAR、DATETIME 等；default_value 表示变量的默认初值，没有使用 DEFAULT 子句时，变量默认初值为 NULL。

局部变量声明完毕后，可以使用 SET 语句或 SELECT 语句为其赋值。

③ 系统变量

系统变量是由 MySQL 系统自动创建的变量，系统变量名前面有“@@”前缀。系统变量分为全局变量（GLOBAL）与会话变量（SESSION）。

全局变量（GLOBAL）影响服务器整体操作，在 MySQL 启动的时候由服务器自动将它们初始化为默认值。

会话变量（SESSION）影响其各个客户端连接的操作，是在 MySQL 服务器每次针对一个客户端建立一个新的连接的时候创建的系统变量，由 MySQL 来初始化，MySQL 会将当前所有全局变量的值复制一份，作为会话变量。

可以使用如下语句查询所有的全局变量。

```
SHOW GLOBAL VARIABLES;
```

可以使用如下语句查询所有的会话变量。

```
SHOW SESSION VARIABLES;
```

或

```
SHOW VARIABLES;
```


3. 运算符与表达式

运算符是实施运算的符号，MySQL 编程中，常用的运算符主要有算术运算符、比较运算符、逻辑运算符、位运算符等。

利用运算符、括号“()”能将常量、变量、函数等运算对象（或操作数）连接起来，形成一个有意义的运算式子，称为表达式。

当一个复杂的表达式中有多个运算符时，运算符的优先级决定运算的先后次序。MySQL 中，各种运算符及其优先级如表 15-1 所示。

表 15-1 各种运算符及其优先级

优先级（从高到低）	运算符	说明
1	()	小括号
2	!	逻辑非
3	+、-、~	正、负、按位取反
4	^	按位异或
5	*、/、DIV、%或 MOD	乘、除、整数除、求余数
6	+、-	加、减
7	<<、>>	按位左移、按位右移
8	&	按位与运算
9	|	按位或运算
10	=、<=>、<、<=、>、>=、<>、!=、IN、IS NULL、LIKE、REGEXP	各种比较运算符
11	BETWEEN…AND	比较运算符
12	NOT	逻辑非
13	AND 或&&	逻辑与
14	XOR	逻辑异或
15	OR 或 ||	逻辑或
16	=（赋值号）、:=	赋值运算符

4. 流程控制语句

流程控制语句能够控制程序中语句的执行顺序和执行逻辑流程。通过使用流程控制语句，可以完成功能较为复杂的操作。

（1）分支语句

分支语句主要有 IF 语句、CASE 语句，其能够根据是否满足条件（可包含多个条件）来执行不同的语句或语句块，其主要功能为根据条件对语句有选择地执行。

（2）循环语句

循环语句主要有 WHILE 语句、REPEAT 语句和 LOOP 语句，其主要功能是对某个程序段有条件地重复执行若干次。

（3）LEAVE 语句和 ITERATE 语句

LEAVE 语句是从循环体中跳出循环的语句，相当于 C++等语言中的 break 语句；ITERATE 语句的作用是在循环体中，中止当前执行的本次循环，直接进入下一次循环，相当于 C++等语言中的 continue 语句。

5. 常用内置函数

MySQL 提供了许多系统内置函数，主要有数学函数、字符串函数、日期和时间函数、系统信息函数、聚合函数和统计函数等。

15.1.2 存储过程

1. 存储过程的概念与特点

存储过程是一组完成特定功能的 SQL 语言代码段，经编译后作为一种对象存储在数据库中，可被触发器、其他存储过程、程序设计语言所调用。

存储过程通过编程的方式实现，能完成比较复杂的处理功能，增强了 SQL 语言的功能和灵活性。由于存储过程在编译后可存储在数据库中，所以可被重复调用执行，且具有更快的执行速度。此外，人们还可以对存储过程的使用权限进行控制，以避免非授权用户对数据的访问，保证数据的安全性。

2. 创建存储过程

使用 CREATE PROCEDURE 语句可创建存储过程，语法格式如下。

```
    CREATE [DEFINER = { user | current_user }] PROCEDURE procedure_name
([procedure_parameter[, …]])
    [characteristic …]
    BEGIN
        routine_body
    END;
```

相关说明如下。

（1）“[ ]”括起来的部分是可选的，“{ }”中的部分是必选项，“|”表示多个选项中选择其中之一，“...”表示可以有多个。命令格式中出现的这些符号不是命令的一部分。

（2）DEFINER 子句是可选的，用于指明存储过程的定义者，可以是某个用户，也可以是当前用户，如果省略该子句，表示是当前用户。

（3）procedure_name 是要创建的存储过程的名称，需要由创建用户具体给出。

（4）procedure_parameter 表示存储过程的参数（即形式参数），是可选的。如果没有参数，则存储过程名称后面的一对“( )”不能省略；如果有两个及以上的参数，则参数间由英文逗号分隔。每个参数由 3 个部分组成，这 3 个部分分别表示参数传递类型、参数名称和参数数据类型，其形式如下。

```
[IN | OUT | INOUT] parameter_name type
```

注意事项如下。

① 参数传递类型有 IN、OUT、INOUT 3 种类型。如果省略，默认是 IN。

IN 类型的参数，表示输入参数，要求在调用存储过程时，必须为该参数传入一个确定的值（或有确定值的表达式），用于在存储过程中运算使用。

OUT 类型的参数，表示输出参数，要求在调用存储过程时，必须为该参数传入一个用户会话变量（全局变量），用于将存储过程运算中的结果带出到调用处使用。该种参数的功能是将值从存储过程中带出。

INOUT 类型的参数，表示输入/输出参数，要求在调用存储过程时，必须为该参数传入一个有确定值的用户会话变量（全局变量），用于在存储过程运算中使用，同时，又可利用该参数将值从存储过程中带出。

② parameter_name 表示参数名称，须由用户给出。

③ type 表示参数的数据类型，可以是 MySQL 数据库所支持的所有数据类型。

（5）characteristic 参数是可选的，用于设定所定义的存储过程的某些特征，可以包含的内容及格式如下。

```
[LANGUAGE SQL | [NOT] DETERMINISTIC | { CONTAINS SQL | NO SQL | READS SQL DATA |
MODIFIES SQL DATA} | SQL SECURITY{DEFINER | INVOKER} | COMMENT 'string']
```

各项内容的含义如下。

① LANGUAGE SQL 指明编写这个存储过程的语言为 SQL 语言，省略时默认为 SQL 语言。

② [NOT] DETERMINISTIC：DETERMINISTIC 表示存储过程对同样的输入参数产生相同的结果，表示是“确定的”；NOT DETERMINISTIC 则表示会产生不确定的结果（默认）。

③ CONTAINS SQL | NO SQL | READS SQL DATA | MODIFIES SQL DATA 选项中，只能从中选择其一，如果省略，默认为 CONTAINS SQL。

CONTAINS SQL 表示存储过程包含了 SQL 语句，但不包含读或写数据的语句（如 SET 语句等）。

NO SQL 表示存储过程不包含 SQL 语句。

READS SQL DATA 表示存储过程包含 SELECT 查询语句，但不包含更新语句。

MODIFIES SQL DATA 表示存储过程包含更新数据的语句。

④ SQL SECURITY{DEFINER | INVOKER}子句用于指定存储过程执行时的权限验证方式，可以指定为 DEFINER 或 INVOKER，省略时默认为 DEFINER。

如果指定为 DEFINER，MySQL 将验证调用存储过程的用户是否具有存储过程的 execute（执行）权限和 DEFINER 子句所指定的用户是否具有存储过程引用的相关对象的权限。

如果指定为 INVOKER，那么 MySQL 将使用当前调用存储过程的用户执行此过程，并验证用户是否具有存储过程的 execute 权限和存储过程引用的相关对象的权限。

⑤ COMMENT 'string'子句用于给存储过程指定注释信息，其中 string 为描述内容，子句省略时，注释信息为空。

（6）routine_body 表示过程体，即在过程中需要书写的语句，表示该存储过程需要完成的功能。

3．调用存储过程

在 MySQL 系统中，因为存储过程需要在特定的数据库中创建，所以要调用存储过程时，需要打开相应的数据库或指定数据库名。

调用存储过程的语法格式如下。

```
CALL procedure_name [(procedure_parameter)];
```

相关说明如下。

（1）procedure_name 表示已定义的存储过程的名称。

（2）procedure_parameter 表示实际参数，即调用时应传入存储过程的参数。如果不需要参数，则调用语句可简化为“CALL procedure_name;”或“CALL procedure_name();”。

（3）调用存储过程时，所提供的实际参数个数、数据类型、参数传递类型必须与被调存储过程的形式参数的要求保持一致。

4．查看存储过程

（1）查看存储过程的定义

使用 SHOW CREATE PROCEDURE 语句可以查看存储过程的定义，语法格式如下。

```
SHOW CREATE PROCEDURE procedure_name;
```

其中，procedure_name 为存储过程的名称，该名称不能用单引号引起来，存储过程名称后面也不能写括号和参数。

该语句的作用是，查看存储过程的定义信息，包括存储过程的名称、代码、字符集等信息。

（2）查看存储过程的状态特征

使用 SHOW PROCEDURE STATUS 语句可以查看存储过程的状态特征，语法格式如下。

```
SHOW PROCEDURE STATUS LIKE 'pattern';
```

其中，pattern 表示用来匹配存储过程名称的模式字符串，必须用英文单引号引起来，其中可以写普通的字符，也可以写%和_通配符。

该语句的作用是，查看名称与 pattern 所指定的模式相匹配的所有存储过程的状态特征信息，包括所属数据库、存储过程名称、类型、定义者、注释、创建和修改时间、字符编码等信息。

5．修改存储过程

MySQL 没有提供对存储过程代码进行修改的语句，如果要修改存储过程的代码，则可将原存储过程删除之后，再重建一个新的存储过程。

可以使用 ALTER PROCEDURE 语句修改存储过程的状态特征信息，语法格式如下。

```
ALTER PROCEDURE procedure_name [characteristic …];
```

其中，procedure_name 表示已定义的存储过程；characteristic 表示要更改的存储过程的特征信息，详见前述 CREATE PROCEDURE 语句中的有关说明。

6. 删除存储过程

使用 DROP PROCEDURE 语句可以删除存储过程，语法格式如下。

```
DROP PROCEDURE [IF EXISTS] procedure_name;
```

其中，procedure_name 表示待删除的存储过程名称；关键字 IF EXISTS 是可选的，加上该关键字后，系统在删除存储过程前先判断其是否存在，如果存在，则执行删除操作，该选项的作用是防止因删除不存在的存储过程而引发错误。

15.1.3 自定义函数

在实际工作中，用户也可以根据需要创建自定义函数（存储函数），创建和使用自定义函数与创建和使用存储过程的方法类似。

1. 创建自定义函数

使用 CREATE FUNCTION 语句可创建用户自定义函数，语法格式如下。

```
CREATE [DEFINER = { user | current_user }] FUNCTION func_name([func_
parameter[, …]])
RETURNS type
[characteristic …]
BEGIN
    func_body
END;
```

相关说明如下。

（1）func_name 是要创建的函数的名称，由用户具体给出，默认在当前数据库中创建函数。若需要在特定数据库中创建函数，则要在名称前面加上数据库的名称，即“数据库名.func_name”。

（2）RETURNS type 用于指明函数返回值的数据类型，type 表示数据类型，可以是 MySQL 支持的某种数据类型。

（3）func_body 表示是函数体，即在函数中需要书写的语句，表示该函数需要完成的功能，由于函数运算结束后必须有返回值，所以函数体中必须至少有一个 RETURN 语句，格式是“RETURN value;”。

（4）func_parameter 是函数的参数（形式参数），与定义存储过程中的形式参数不同的是，函数的形式参数只能是 IN 类型，不能为 OUT 或 INOUT 类型。

（5）characteristic 用于定义函数的状态特征，它们的含义、格式与创建存储过程语句 CREATE PROCEDURE 中的说明一致。

2. 调用自定义函数

在 MySQL 系统中，因为用户自定义函数和数据库相关，所以要调用自定义函数需要打开相应的数据库或指定数据库名称。

在 MySQL 中，自定义函数的调用方法与 MySQL 内置函数的调用方法是一样的，调用方式如下。

```
[database_name.] func_name (实际参数)
```

其中，database_name 是自定义函数所在的数据库的名称，func_name 是自定义函数的名称，实际参数的个数、类型等要与被调函数定义时的形式参数的要求相匹配。

由于函数经调用后会返回一个函数值，因此，在实际使用中，函数的调用可以放在一个表达式中，也可以直接利用 SELECT 语句显示函数的返回值。

3. 查看自定义函数

（1）查看函数的代码

要查看函数的代码，应使用 SHOW CREATE FUNCTION 语句，语法格式如下。

```
SHOW CREATE FUNCTION func_name;
```

其中，func_name 是被查看的函数名，直接写出函数名即可，不能用引号将函数名引起来，函数名后面也没有参数。

（2）查看函数的状态特征信息

① 查看所有的自定义函数的状态特征信息，语法格式如下。

```
SHOW FUNCTION STATUS;
```

② 查看函数名与某一字符串模式匹配的所有自定义函数的状态特征信息，语法格式如下。

```
SHOW FUNCTION STATUS LIKE 'pattern';
```

其中，pattern 表示用来匹配函数名称的模式字符串，需要用英文单引号引起来，其中可以写普通的字符，也可以写%和_通配符。

该语句的作用是，查看名称与 pattern 所指定的模式相匹配的所有函数的状态特征信息，包括所属数据库、函数名、类型、定义者、注释、创建和修改时间、字符编码等信息。

4. 修改自定义函数

MySQL 没有提供对自定义函数代码修改的语句，如果要修改自定义函数的代码，则可将原函数删除之后，再重建一个新的函数。

修改函数的状态特征信息可使用 ALTER FUNCTION 语句，语法格式如下。

```
ALTER FUNCTION func_name [characteristic …];
```

其中，func_name 表示已定义的函数名；characteristic 表示要更改的函数的特征信息，详见 CREATE PROCEDURE 语句中的有关说明。

5. 删除自定义函数

删除函数可使用 DROP FUNCTION 语句，语法格式如下。

```
DROP FUNCTION func_name;
```

其中，func_name 表示待删除的自定义函数的名称。

15.1.4 游标及其使用

1. 游标的概念

游标是一种能够从包含多条数据记录的结果集中进行逐条访问的机制。游标主要包括结果集和游标位置两部分，游标结果集是在定义游标时对应的 SELECT 语句的结果集，游标位置（游标指针）则是指向这个结果集中的某一行的指针，初始时，游标指针指向结果集的第一条记录，使用游标从结果集中每取出一条记录，指针自动移动并指向下一条记录，从而可顺序地从前向后对每一条记录进行遍历，以便进行相应的操作。

2. 游标的使用

（1）声明游标

声明游标需要使用 DECLARE 语句，语法格式如下。

```
DECLARE cursor_name CURSOR FOR select_statement;
```

其中，cursor_name 表示游标的名称，由用户给出；select_statement 为一个 SELECT 语句，用于生成游标操作的结果集。

（2）打开游标

使用游标之前必须打开游标，打开游标需要使用 OPEN 语句，语法格式如下。

```
OPEN cursor_name;
```

其中，cursor_name 表示游标的名称。

（3）从结果集中提取数据

从结果集中提取数据需要使用 FETCH 语句，其功能是从结果集中取出游标指针当前指向的记录，并将该记录中各字段的值存放到指定的变量中。

FETCH 语句每次只能从结果集中取出一条记录，因此，如果要提取多条记录，需要利用循环语句重复执行 FETCH 语句。

另外，FETCH 语句每取出一条记录，游标指针自动向后移动一条记录，指向结果集中的下一条记录。

FETCH 语句的语法格式如下。

```
FETCH cursor_name INTO var_name1 [,var_name2 ] …;
```

对该语法的说明如下。

① cursor_name 为已创建的游标名称，var_name1、var_name2、…是变量名，用于存放从结果集中取出的当前记录的各个字段值，因此，此处的变量的个数要与声明游标时 SELECT 子句中的字段个数保持一致。

② 如果游标指针指向最后一条记录后，再执行 FETCH 语句，将产生错误信息代码 1329，开发人员可针对此错误代码编写错误处理程序，以便结束对结果集的遍历。

③ 异常处理是对各类错误异常进行捕获和自定义操作的机制，有以下两种处理类型。

EXIT：遇到错误就会退出，不再执行后续的程序代码。

CONTINUE：遇到错误会忽略错误继续执行后续代码。

由于 FETCH 语句采用 SELECT…INTO…的方式将各字段值存放到相应变量中，所以当到达结果集末尾时，如果读不到记录，就会抛出 NOT FOUND 错误，因此可以针对这一错误声明处理的方式，语法格式如下。

```
DECLARE CONTINUE HANDLER FOR NOT FOUND statement;
```

此处，遇到没有记录时，声明处理方式是 CONTINUE，即继续执行后面的代码，statement 为处理后要执行的语句。

④ 游标错误处理语句要紧挨在声明游标语句之后书写。

（4）关闭游标

游标使用完毕后，要用 CLOSE 语句关闭，语法格式如下。

```
CLOSE cursor_name;
```

关闭游标的目的是释放游标打开时产生的结果集，以通知 MySQL 服务器释放游标所占用的资源，节省 MySQL 服务器的内存空间。

15.2 典型习题

一、选择题

1. 下列语句中，可以用来查看存储函数 myfunc 定义内容的是（　　）。

A. SHOW CREATE FUNCTION myfunc;　B. DISPLAY FUNCTION myfunc;

C. SELECT FUNCTION myfunc;　D. CREATE FUNCTION myfunc;

2. 下列有关局部变量和用户会话变量的描述中，错误的是（　　）。

A. 用户会话变量名以“@”开头，但局部变量名没有这个符号

B. 局部变量使用 DECLARE 语句定义，而用户会话变量使用 SET 语句创建并赋值

C. 局部变量只能在 BEGIN 和 END 之间的语句块中有效

D. 在存储过程或存储函数中只能使用局部变量

3. MySQL 中关于存储过程和存储函数的区别，以下叙述错误的是（　　）。

A. 存储函数必须用 RETURN 语句返回结果

B. 存储过程和存储函数的形参可以有 OUT 参数

C. 存储过程和存储函数中都可以定义局部变量

D. 调用存储函数无须使用 CALL 语句

4. 设有如下定义存储过程框架代码，能正确调用该存储过程的语句是（　　）。

```
CREATE PROCEDURE myproc(IN m INT)
BEGIN
 …
END;
```

A. CALL myproc 100;　B. CALL myproc(100);

C. SELECT myproc(100);　D. SELECT myproc 100;

5. 对于存储函数，其形参的输入/输出类型包括（　　）。

A. IN　B. OUT

C. IN、OUT　D. IN、OUT、INOUT

6. 以下创建游标的语句中，语法格式正确的是（　　）。

A. CREATE testcur CURSOR FOR SELECT sno,sn FROM s WHERE dept LIKE '信息%';

B. DECLARE CURSOR testcur FOR SELECT sno,sn FROM s WHERE dept LIKE '信息%';

C. DECLARE testcur CURSOR FOR SELECT sno,sn FROM s WHERE dept LIKE '信息%';

D. CREATE CURSOR testcur FOR SELECT sno,sn FROM s WHERE dept LIKE '信息%';

7. 在 WHILE 语句构成的循环体中，要终止当前循环，进入下一次循环，通常可使用的语句是（　　）。

A. GOTO 语句　B. LEAVE 语句

C. ITERATE 语句　D. JUMP 语句

8. 设有存储过程 showsal，其定义如下：该存储过程的功能是从教师表 t 中查询出某个学院中教师的最高年龄，学院名称由参数 dp 转入，最高年龄由参数 maxage 转出。

```
CREATE PROCEDURE showsal(dp VARCHAR(45), OUT maxage DECIMAL(6,2))
BEGIN
  SELECT MAX(age) INTO maxage FROM t WHERE dept=dp;
END;
```

能够正确地实现对上述存储过程调用并获得调用结果的语句是（　　）。

A. SELECT showsal ('工学院');　　B. CALL showsal ('工学院',@maxage);

C. showsal ('工学院',maxage);　　D. CALL showsal ('工学院');

9. 设有游标定义语句“DECLARE mycursor CURSOR FOR SELECT tno,tn FROM t;”，游标对应的记录集是教师表 t 中所有教师的教师号 tno 和姓名 tn，为防止利用 FETCH 语句从该记录集中提取记录时，游标指针超出记录集尾部而产生错误，以致影响程序的继续执行，需要定义错误处理代码，当捕捉到该错误时，使程序继续执行且将用户会话变量@sign 赋值为 1。应声明的错误处理代码语句是（　　）。

A. DECLARE EXIT HANDLER FOR NOT FOUND SET @sign=1;

B. DECLARE EXIT FOR NOT FOUND @sign=1;

C. DECLARE CONTINUE FOR NOT FOUND @sign=1;

D. DECLARE CONTINUE HANDLER FOR NOT FOUND SET @sign=1;

二、填空题

1. 语句“SELECT UCASE(SUBSTRING('Forestry',3,3));”的执行结果是________________。

2. 表达式“FLOOR(4.6)*SQRT(4)*LOG10(100)”的值是________________。

3. 显示当前连接的数据库名、用户名的语句是________________。

4. 显示所有的全局变量的名称及当前取值，应使用的语句是________________。

5. 要获得当前 MySQL 的版本号，应访问的全局变量是________________。

6. 语句“SELECT 13 DIV 5 MOD 10 *SIGN(−100);”的执行结果是________________。

7. 表达式“0 || 4 ^ 7”的值是________________。

8. 要查看存储过程 show_stu 的定义信息，应使用的语句是________________。

9. 要查看存储函数 fun 的状态信息，应使用的语句是________________。

10. 将存储过程 myproc 的状态信息进行修改，存储过程包含更新数据的语句，执行存储过程权限验证的是调用者，注释信息为“示例”，应使用的语句是________________。

11. 设有创建游标的语句“DECLARE s_cursor CURSOR FOR SELECT sno,sn FROM s;”，则将记录集中的一条记录读入局部变量 vs 和 vn 的语句是________________。

12. 表达式“'张东' LIKE '_东%'”的值是________________。

13. 表达式“10 BETWEEN 5 AND 10 AND 'ABC' LIKE 'A%C'”的值是________________。

14. 表达式“CHAR_LENGTH(CONCAT(LCASE('Beijing'),'北京'))”的值是________________。

15. 设系统的当前日期是 2022 年 5 月 4 日，则表达式“DAY(CURRENT_DATE())”的值是_______，表达式“MONTHNAME(NOW())”的值是_______，表达式“DAYNAME (CURDATE())”的值是_______。

15.3　实验任务

15.3.1　MySQL 编程基础与函数实验

一、实验目的

熟练使用流程控制语句完成简单程序的编写。

掌握常用的系统函数。

掌握在 MySQL 中使用 SQL 语句完成自定义函数的创建、调用及管理工作。

二、实验内容

根据第 4 章和第 5 章实验所设计的数据库（education_lab）和其中的 3 个数据表（学生表 student、课程表 course 和学生成绩表 sc），完成以下实验内容，给出实验涉及的 SQL 语句。

（1）编写程序代码实现以下功能：如果学生表中有 1988 年出生的学生，则把其学号、姓名、性别、出生日期及当天是星期几查询出来；否则输出“没有 1988 年出生的学生”。

（2）通过 MySQL 编程，完成用户自定义函数的创建、调用、查看和删除等管理工作。

① 创建一个函数 show_sign，函数的功能是当向函数传递一个出生日期参数时，函数返回其所属的季度名称。

② 调用函数 show_sign，显示每位学生的学号、姓名、出生日期和所属的季度。

③ 分别写出查看函数 show_sign 的定义代码和状态特征的语句。

④ 写出删除函数 show_sign 的语句。

（3）通过 MySQL 编程，完成用户自定义函数的创建、调用。

① 创建一个函数 count_number，向函数传递任意一个学号值，如果存在该学生，则能计算并返回该学生的选课门数，否则返回 0。

② 编写代码，调用函数 count_number，显示每位学生的学号、姓名和选课门数。

（4）通过 MySQL 编程，完成用户自定义函数的创建、调用。

① 创建一个函数 show_score，任意向函数传递一个学号值，如果存在该学生，则计算并返回该学生已经取得的学分总数（课程的考试成绩≥60 分表示取得该课程的学分），否则返回 0。

② 编写代码，调用函数 show_score，显示每位学生的学号、姓名和取得的学分总数。

15.3.2 存储过程与游标实验

一、实验目的

掌握在 MySQL 中使用 SQL 语句定义和使用游标。

掌握在 MySQL 中使用 SQL 语句创建和执行用户自定义存储过程（以 SQL 命令为重点）。

掌握在 MySQL 中使用 SQL 语句完成存储过程的查看、修改、删除等管理任务。

二、实验内容

根据第 4 章和第 5 章实验所设计的数据库（education_lab）和其中的 3 个数据表（学生表 student、课程表 course 和学生成绩表 sc），完成以下实验内容，给出实验涉及的 SQL 语句。

（1）通过 MySQL 编程，完成用户存储过程的创建、调用、查看和删除等管理工作。

① 创建存储过程 showstudents，显示在 2002 年 7 月前出生的性别为“男”的所有学生的信息。

② 编写程序代码，调用存储过程 showstudents。

③ 写出相应语句，分别查看存储过程 showstudents 的定义代码和状态特征。

④ 修改存储过程 showstudents，将其功能修改为：显示在 2002 年 7 月前出生的性别为“女”的所有学生的信息。

（2）通过 MySQL 编程，利用存储过程向数据表中添加记录。

① 创建存储过程 insertsc，实现向选课表中添加一条选课记录，记录内容由参数传递完成，当提供的学号和课程号合法（即学号和课程号存在）且不存在该条选课记录时，向选课表中插入该记录，插入完成后，显示选课表的内容，否则输出“学号或课程号不存在或重复”的错误提示信息。

② 编写程序代码，调用存储过程 insertsc。

③ 写出相应语句，删除存储过程 insertsc。

（3）通过 MySQL 编程，完成游标的创建与使用。

创建一个名称为 showcursor 的存储过程，在该存储过程中，创建一个名称为 shownum_cursor 的游标，对应的结果集为课程号、课程名和选课人数，然后利用游标逐一从结果集中取出每一条记录，并显示各字段的值。

15.4 习题解答

15.4.1 教材习题解答

一、选择题

1. C。在字符串模式匹配中，可用通配符替代一个或多个字符，其中_可代替任意一个字符，而%可代替任意数目字符。

2. B。在 MySQL 程序代码中，可以使用字符--或#，在行首或行末进行单行注释。

3. A。A 选项用于创建存储过程，B 选项用于删除存储过程，C 选项用于创建自定义函数，D 选项用于删除自定义函数。

4. D。在 MySQL 编程中，可用于跳出循环的语句是 LEAVE。

5. C。在表达式中，FLOOR(−8.5)表示求小于等于−8.5 的最大整数，结果为−9；SIGN(−5)表示求−5 的符号，值为−1；8 MOD 7 表示求二者的余数，结果为 1；5 DIV 10 表示求二者的整数商，结果为 0。所以原式简化为−9*(−1)+1−0，最终结果为 10。

6. D。A 选项错误，游标指针在结果集中只能从前向后顺序移动；B 选项错误，ITERATE 语句用于在循环体中中止当前执行的本次循环，直接进入下一次循环；C 选项错误，定义存储函数时，其形式参数只能是 IN 类型；D 选项正确，ALTER FUNCTION 语句用于修改函数的状态特征信息。

7. A。A 选项正确，存储过程创建后，经编译后作为一个对象存储在数据库中，可被触发器、其他存储过程、程序设计语言所调用；B 选项错误，当函数的状态特征被定义为 CONTAINS SQL 时，表示函数体中包含 SQL 语句，但不包含读或写数据的语句（如 SET 语句等）；C 选项错误，调用有参函数时，实参的个数必须与被调用函数形参的个数保持一致；D 选项错误，删除函数使用 DROP FUNCTION 语句，而不是 DELETE FUNCTION 语句。

8. C。ALTER PROCEDURE语句用于修改存储过程，SHOW CREATE PROCEDURE语句用于查看存储过程的定义信息，SHOW PROCEDURE STATUS LIKE语句用于查看存储过程的状态特征信息。

9. B。使用 SET 语句为用户会话变量赋值时可以使用赋值号“=”或“:=”；而使用SELECT语句进行赋值时的赋值号只能使用“:=”，而不能使用“=”。

10. B。使用DECLARE语句可以声明局部变量和指定初值，语法格式是“DECLARE variable_name[, …] datatype(size) DEFAULT default_value;”。其中variable_name是变量名，有多个变量时，用逗号分隔；default_value表示初值。

11. A。打开游标需要使用 OPEN 语句，语法格式是“OPEN cursor_name;”，其中cursor_name表示游标的名称。

12. A。MySQL规定用户会话变量名的前面应加字符@。

13. D。由于在教学数据库teaching中已定义存储过程disp_stu(dp VARCHAR(50))，其中有一个形式参数dp，因此，在调用时，必须提供一个实际参数。由于选项A的调用语句中没有提供实际参数，所以选项A是错误的；由于定义的存储过程disp_stu的形式参数dp未指定传递方式，按语法规定，该参数的默认传递方式应为IN类型，即要求在调用存储过程时，必须为该参数传入一个确定的值，所以选项B是错误的；存储过程在调用执行时不能返回值，所以选项C是错误；选项D中，语句“SELECT * FROM s WHERE dept=dp;”的作用是从学生表s中查询所有属于形参dp的值所指定学院的学生信息，功能符合题意要求。

14. B。游标声明完成后，只有使用 OPEN 语句打开游标，与该游标声明相对应的SELECT子句才将被执行，MySQL服务器内存中将存放与该SELECT子句对应的结果集，此时游标指针指向结果集中的第一条记录，所以选项A是错误的；使用游标从结果集中每取出一条记录，指针将自动移动，指向下一条记录，所以选项C是错误的；游标只能顺序地从前向后一条一条记录地读取结果集，不能从后向前读，或直接跳到中间某个位置读，所以选项D是错误的；为了避免游标指针移出记录集范围引起错误，数据库开发人员需要编写错误处理程序，以便结束对结果集的遍历，选项B是正确的。

15. C。用DROP FUNCTION语句删除自定义函数的语法格式是“DROP FUNCTION func_name;”，其中，func_name是被删除的函数名，该名称后面不能跟括号“()”，也不能用引号引起来，因此，只有选项C正确。

16. D。使用 ALTER FUNCTION 语句只能修改存储函数的状态特征，不能修改其功能代码，也不能修改函数的名称；使用SHOW CREATE FUNCTION语句只能查看存储函数的定义信息，不能修改其功能代码；使用SHOW FUNCTION STATUS语句可以查看存储函数的状态信息。

17. A。LCASE函数能将字符串中所有字母变成小写字母，所以，LCASE('北京Abc')的值为'北京abc'，CHAR_LENGTH函数能求出字符串中的字符数（即长度），而字符串'北京abc'中有5个字符，所以整个表达式的值为5。

18. D。表达式MID('学习MySQL',3,2)的值为'My'。UCASE函数的作用是将字符串中的字母变成大写，所以UCASE(MID('学习MySQL',3,2))的值为'MY'。函数REVERSE的功能是将字符串中的字符顺序倒置，所以整个表达式的值为'YM'。

19. B。求两个日期之间相差的天数应使用 DATEDIFF 函数，所以表达式 DATEDIFF (CURDATE(),@birthday)能求出从出生日期到当前日期的天数，该数除以 365 后，用 FLOOR 函数求出最大整数，即为周岁数。

20. C。IS 运算符用于判断一个值是否为 NULL，不用于做数值比较。

二、填空题

1. SELECT DAYNAME(CURRENT_DATE());，或 SELECT DAYNAME(CURDATE());，或 SELECT DAYNAME(NOW());。

2. SELECT DAYOFWEEK(NOW());，或 SELECT DAYOFWEEK(CURDATE());，或 SELECT DAYOFWEEK(CURRENT_DATE());。

3. SELECT TIME_FORMAT("15:44:32","%r");，或 SELECT TIME_FORMAT("15:44:32", "%h:%i:%S %p");。

4. MONTHNAME(NOW());，或 MONTHNAME(CURDATE());，或 MONTHNAME (CURRENT_DATE());。

5. SUBSTRING('我喜欢 MySQL 数据库',4,5);，或 SUBSTR('我喜欢 MySQL 数据库',4,5);，或 MID('我喜欢 MySQL 数据库',4,5);；SUBSTRING('我喜欢 MySQL 数据库',9);，或 SUBSTRING('我喜欢 MySQL 数据库',9,3);，或 RIGHT('我喜欢 MySQL 数据库',3);。

6. UCASE('Forestry');，或 UPPER('Forestry');。

7. 3。

8. 1。

9. DECLARE mycursor CURSOR FOR SELECT sno,sn FROM s WHERE age>=20;；FETCH mycursor INTO var_sno, var_sn;。

10. DROP PROCEDURE myproc;。

11. RETURN。

12. SHOW FUNCTION STATUS LIKE 'test_func';。

13. ALTER FUNCTION mytest_func SQL SECURITY INVOKER COMMENT '测试';。

14. OUT maxsal；=dp；@m。

15. LEAVE。

三、综合题

1. 游标是一种能够从包含多条记录的结果集中逐条访问这些记录的机制。MySQL 服务器会专门为游标开辟一定的内存空间，用以存放游标操作的结果集（记录集）。游标主要包括结果集和游标位置两部分，游标结果集是定义游标的 SELECT 语句的结果集，游标位置（游标指针）则是指向这个结果集中的某一行的指针。游标位置充当了记录指针的作用，当第一次打开游标时，游标指针指向结果集的第一条记录，使用游标从结果集中每取出一条记录，指针自动移动并指向下一条记录。利用游标，可以对结果集中的每一条记录顺序地从前向后逐条进行遍历，以便进行相应的操作。

游标的特点如下。

（1）MySQL 游标只能用于存储过程和函数。

（2）使用 OPEN 语句打开游标后，游标指针指向结果集中的第一条记录。

（3）游标只能顺序地从前向后一条一条地读取结果集，不能从后向前读，或直接跳到中间某个位置读。

（4）当游标指针指向最后一条记录后，再执行 FETCH 语句时，将产生错误，因此，数据库开发人员需要对此错误编写错误捕获和处理程序，以便正确地结束对结果集的遍历。

（5）游标使用完毕后，要进行关闭，以通知服务器释放游标所占用的资源，节省 MySQL 服务器的内存空间。

2.（1）新建一个 SQL 代码窗口，在 SQL 代码窗口中输入如下代码。

```
USE teaching;
DELIMITER $$
CREATE FUNCTION show_average(stu_no CHAR(10))
  RETURNS DECIMAL(5,2)  -- 函数返回值的数据类型
  READS SQL DATA
  COMMENT '计算指定学号学生的平均分，返回平均分'
  BEGIN
    DECLARE n DECIMAL(5,2);
    SELECT AVG(score) INTO n FROM sc WHERE sno=stu_no;
    RETURN n; -- 返回平均分
  END $$
DELIMITER;
```

（2）单击 SQL 代码窗口中的“Execute the selected”按钮，运行以上代码，完成存储过程的创建。

（3）在 SQL 代码窗口中，输入并执行语句“SELECT show_average('s1');”，此处，s1 是调用函数时传递的实数（即学生的学号），测试时，可以传入任意一个学生的学号，进行函数调用并返回平均分。比如，对于此处，以 s1 作为传入参数调用函数 show_average 的返回结果为 87.75 分，说明学生 s1 的平均分为 87.75 分。

3. 创建和调用存储过程 display_salary 的方法和步骤如下。

（1）新建一个 SQL 代码窗口，在 SQL 代码窗口中输入如下代码。

```
USE teaching;
DELIMITER $$
CREATE PROCEDURE display_salary()
BEGIN
  SELECT tno,tn,sal FROM t ORDER BY sal DESC LIMIT 3;
END $$
DELIMITER;
```

（2）代码输入完毕后，单击 SQL 代码窗口中的“Execute the selected”按钮，完成存储过程的创建。

（3）在 SQL 代码窗口中输入调用存储过程 display_salary 的语句“CALL display_salary();”或“CALL display_salary;”，输入完成后，单击 SQL 代码窗口上部的执行按钮，完成存储过程的调用执行并查看执行结果。

修改存储过程 display_salary，给存储过程加上注释属性“输出工资排在前三名的教师信息”的方法和步骤如下。

（1）登录进入 MySQL Workbench，在数据库导航窗格中，双击“education”数据库，使其成为当前数据库。

（2）新建一个 SQL 代码窗口，在 SQL 代码窗口中输入如下代码。

```
ALTER PROCEDURE display_salary COMMENT '输出工资排在前三名的教师信息';
```

（3）代码输入完毕后，单击 SQL 代码窗口中的“Execute the selected”按钮，完成存储过程的修改。

（4）在 SQL 代码窗口中输入如下代码。

```
SHOW PROCEDURE STATUS LIKE 'display_salary';
```

（5）选中以上代码，单击 SQL 代码窗口中的“Execute the selected”按钮，执行上面的语句，可见存储过程的状态特征中，注释已改为“输出工资排在前三名的教师信息”。

4. 存储过程和存储函数（自定义函数）都是由一组 SQL 语句和一些特殊的控制结构语句组成的代码片段，由其中的“BEGIN…END”语句所指定，可以被调用执行，从而完成所定义的相应的功能。

从语法上看，存储过程、存储函数是十分相似的。但是，它们之间还是有一些区别的，详见教材 15.1.3 小节中的表 15-1。

5. 创建存储过程 display_course 的方法和步骤如下。

（1）新建一个 SQL 代码窗口，在 SQL 代码窗口中输入如下代码。

```
USE teaching;
DELIMITER $$
CREATE PROCEDURE display_course(stu_no CHAR(10))
READS SQL DATA
COMMENT '根据参数所指定的学号，显示该学生所选修的课程名称和成绩'
BEGIN
  DECLARE v_sno CHAR(10) DEFAULT '';
  DECLARE v_cno CHAR(10) DEFAULT '';
  DECLARE v_score DECIMAL(5,2) DEFAULT 0;
  DECLARE s_cursor CURSOR FOR SELECT sno, cno, score FROM sc WHERE sno=stu_no;
#声明游标
  DECLARE CONTINUE HANDLER FOR NOT FOUND SET @finished=1;
  #定义错误处理程序
  SET @finished=0;
  OPEN s_cursor;  #打开游标
  myloop: LOOP
  FETCH s_cursor INTO v_sno, v_cno, v_score;
  #从结果集中逐一取出每一条记录，各字段值存入变量
     IF @finished=1 THEN
        LEAVE myloop;
     ELSE
     SELECT v_sno, v_cno, v_score;  #显示各字段的值
   END IF;
  END LOOP myloop;
  CLOSE s_cursor;  #关闭游标
END $$;
```

（2）代码输入完毕后，单击 SQL 代码窗口中的“Execute the selected”按钮，完成存储过程的创建。

（3）在 SQL 代码窗口中，调用存储过程“display_course”。如在 SQL 代码窗口输入“CALL display_course('s2');”，执行后，可显示学号为 s2 的学生选修的课程名称和成绩情况。通过调用 display_course 时传入不同的学号可以查看不同学生的选课情况。

6. 用户可以查看当前数据库中所创建的自定义函数的状态信息，有以下两种方法。

（1）查看所有的自定义函数的状态特征信息，使用如下语句。

```
SHOW FUNCTION STATUS;
```

（2）查看函数名与某一字符串模式匹配的所有自定义函数的状态特征信息，使用如下语句。

```
SHOW FUNCTION STATUS LIKE 'pattern';
```

其中，pattern 是用来匹配函数名称的模式字符串，用于查看名称与 pattern 所指定的名称相匹配的所有函数的状态特征信息。

7. 存储过程具有以下优点。

（1）增强了 SQL 语言的功能和灵活性。存储过程中可用流程控制语句对 SQL 语句的执行进行控制，有很强的灵活性，可以完成复杂的判断和较复杂的运算。

（2）便于被多次重复调用。创建好的存储过程被存储在其隶属的数据库中，以后在应用程序中可以被多次调用。

（3）能实现更快的执行速度。存储过程在创建时，MySQL 就对其进行编译、分析和优化，并且给出最终被存储在系统表中的执行计划。在第一次被执行后，存储过程就存储在服务器的内存中，这样客户机应用程序在执行时就可以直接调用内存中的代码执行，无须再次进行编译，这就大大加快了执行速度。

（4）减少网络流量。调用存储过程时，只需一条调用该存储过程的语句就可实现，网络中传送的只是调用语句，而不是这些 SQL 语句代码，从而大大降低了网络流量。

（5）存储过程可作为一种安全机制来利用。可设定只有某用户才具有对指定存储过程的使用权，从而实现对相应数据访问权限的限制，避免了非授权用户对数据的访问，保证了数据的安全性。

8. 创建函数 gcd 的方法和步骤如下。

（1）新建一个 SQL 代码窗口，在 SQL 代码窗口中输入如下代码。

```
USE teaching;
DELIMITER $$
CREATE FUNCTION gcd(m INT, n INT)
RETURNS INT
NO SQL
COMMENT '求两个正整数的最大公约数'
BEGIN
  DECLARE r INT;
  IF m<=0 OR n<=0 THEN
         RETURN -1;
  END IF;
  WHILE m%n!=0 DO
         SET r=m%n;
     SET m=n;
     SET n=r;
  END WHILE;
  RETURN n;
END $$;
```

（2）代码输入完毕后，单击 SQL 代码窗口中的“Execute the selected”按钮，完成函数 gcd 的创建。

15.4.2 典型习题解答

一、选择题

1. A。查看存储函数的定义内容应使用 SHOW CREATE FUNCTION 语句，语法格式是“SHOW CREATE FUNCTION func_name;”，函数名要求直接写在 SHOW CREATE FUNCTION 的后面。

2. D。在存储过程或存储函数中，可以使用局部变量，也可以使用用户会话变量、系统变量等全局变量；用户会话变量名要求以“@”开头，系统变量名以“@@”开头，而局部变量名前不能加这些符号；局部变量必须首先用 DECLARE 语句声明，然后可用 SET 语句或 SELECT 语句为其赋值；用户会话变量不需要声明，可直接用 SET 语句或 SELECT 语句创建并赋值。

3. B。存储过程有输出（OUT）型参数，通过该参数可以向调用存储过程处返回运算结果，而存储函数必须通过 RETURN 语句返回结果值，没有输出参数；调用存储过程需要用 CALL 语句，而调用存储函数时一般使用 SELECT 语句；存储过程或存储函数中都可以定义局部变量。

4. B。调用存储过程需要用 CALL 语句，而调用存储函数时一般使用 SELECT 语句，调用存储过程时实际参数要用括号括起来。

5. A。在存储函数的定义中，其形参的输入/输出类型只有一种，即 IN。

6. C。使用 DECLARE 语句创建游标，语法格式是“DECLARE cur_name CURSOR FOR select_statement;”，其中，cur_name 表示游标的名称，select_statement 为 SELECT 语句，是游标对应的记录集。

7. C。在循环体中，要终止本次循环，直接进入下一次循环，可使用 ITERATE 语句。LEAVE 语句用于直接跳出循环，MySQL 没有 GOTO 和 JUMP 语句。

8. B。调用存储过程需要用 CALL 语句，由于被调用的存储过程有两个形参，因此，调用时需要提供两个实参。另外，由于被调用的存储过程的第 2 个形参 maxage 是 OUT 型参数，因此，对应的实参应该是一个用户变量，只有选项 B 满足上述条件。

9. D。由于程序要求捕捉到错误时，程序继续执行而不退出，因此声明的异常处理类型应该是 CONTINUE，而不是 EXIT，异常处理的方式是将用户会话变量@sign 的值赋为 1，应该用 SET 语句。

二、填空题

1. RES。
2. 16。
3. SELECT DATABASE(),CURRENT_USER();或 SELECT DATABASE(),USER();。
4. SHOW GLOBAL VARIABLES;。
5. @@version。
6. −2。
7. 1。
8. SHOW CREATE PROCEDURE show_stu;。
9. SHOW FUNCTION STATUS LIKE 'fun';。

10. ALTER PROCEDURE myproc MODIFIES SQL DATA SQL SECURITY INVOKER COMMENT '示例';。

11. FETCH s_cursor INTO vs, vn;。

12. 1。

13. 1。

14. 9。

15. 4；May;Wednesday。

15.5 实验任务解答

15.5.1 MySQL 编程基础与函数实验

一、实验目的

熟练使用流程控制语句完成简单程序的编写。

掌握常用的系统函数。

掌握在 MySQL 中使用 SQL 语句完成自定义函数的创建、调用及管理工作。

二、实验内容

根据第 4 章和第 5 章实验所设计的数据库（education_lab）和其中的 3 个数据表（学生表 student、课程表 course 和学生成绩表 sc），完成以下实验内容，给出实验涉及的 SQL 语句。

（1）编写程序代码实现以下功能：如果学生表中有 1988 年出生的学生，则把其学号、姓名、性别、出生日期及当天是星期几查询出来；否则输出“没有 1988 年出生的学生”。SQL 语句如下。

```
USE 'education_lab';
DROP PROCEDURE IF EXISTS 'new_procedure';

DELIMITER $$
USE 'education_lab' $$
CREATE PROCEDURE 'new_procedure' ()
BEGIN
   DECLARE total_s INT DEFAULT 0;
   SELECT COUNT(*) INTO total_s  FROM student WHERE YEAR(birthday)='2000';
   IF total_s >=1 THEN
       SELECT sno,sn,sex,birthday,dayname(birthday) FROM student WHERE year
(birthday)='2000';
   ELSE
       SELECT "没有 1998 年出生的学生";
   END IF;
END $$

DELIMITER;
```

（2）通过 MySQL 编程，完成用户自定义函数的创建、调用、查看和删除等管理工作。

① 创建一个函数 show_sign，函数的功能是当向函数传递一个出生日期参数时，函数返回其所属的季度名称。SQL 语句如下。

```
USE 'education_lab';
DROP FUNCTION IF EXISTS 'show_sign';

DELIMITER $$
USE 'education_lab' $$
CREATE FUNCTION 'show_sign'(m DATE) RETURNS VARCHAR(10) CHARSET utf8mb4
    NO SQL
BEGIN
  DECLARE sign VARCHAR(10) DEFAULT '';
  CASE
      WHEN date_format(m,'%m-%d')> ='01-01' AND date_format(m,'%m-%d')< =
'03-31' THEN SET sign='第一季度';
      WHEN date_format(m,'%m-%d')> ='04-01' AND date_format(m,'%m-%d')< =
'06-30' THEN SET sign='第二季度';
      WHEN date_format(m,'%m-%d')> ='07-01' AND date_format(m,'%m-%d')< =
'09-30' THEN SET sign='第三季度';
      WHEN date_format(m,'%m-%d')> ='10-01' AND date_format(m,'%m-%d')< =
'12-31' THEN SET sign='第四季度';
      ELSE SET sign='日期格式不正确';
  END CASE;
  RETURN sign;
END $$

DELIMITER;
```

② 调用函数 show_sign，显示每位学生的学号、姓名、出生日期和所属的季度。SQL 语句如下。

```
SELECT sno,sn,birthday,show_sign(birthday) FROM student;
```

③ 分别写出查看函数 show_sign 的定义代码和状态特征的 SQL 语句如下。

```
SHOW CREATE FUNCTION show_sign;
SHOW FUNCTION STATUS LIKE '%show_sign%';
```

④ 写出删除函数 show_sign 的 SQL 语句如下。

```
DROP FUNCTION show_sign;
```

（3）通过 MySQL 编程，完成用户自定义函数的创建、调用。

① 创建一个函数 count_number，向函数传递任意一个学号值，如果存在该学生，则计算并返回该学生的选课门数，否则返回 0。SQL 语句如下。

```
USE 'education_lab';
DROP FUNCTION IF EXISTS 'education_lab'. 'count_number';

DELIMITER $$
USE 'education_lab' $$
CREATE  FUNCTION 'count_number' (s_no CHAR(10)) RETURNS INT
    NO SQL
BEGIN
  DECLARE c_count INT DEFAULT 0;
  IF s_no in (SELECT sno FROM sc) THEN
      SELECT COUNT(*) INTO c_count FROM sc WHERE sc.sno=s_no;
  END IF;
  RETURN c_count;
END  $$

DELIMITER;
```

② 编写代码，调用函数 count_number，显示每位学生的学号、姓名和选课门数。SQL 语句如下。

```
SELECT
   sno, .sn, count_number(sno)
FROM
   student;
```

（4）通过 MySQL 编程，完成用户自定义函数的创建、调用。

① 创建一个函数 show_score，任意向函数传递一个学号值，如果存在该学生，则计算并返回该学生已经取得的学分总数（课程的考试成绩≥60 分表示取得该课程的学分），否则返回 0。SQL 语句如下。

```
   CREATE DEFINER='root'@'localhost' FUNCTION 'show_score' (s_no CHAR(10))
RETURNS FLOAT
      NO SQL
   BEGIN
     DECLARE s_score FLOAT DEFAULT 0.0;
     IF s_no IN (SELECT sno FROM sc) THEN
          SELECT SUM(ct) INTO s_score FROM course INNER JOIN sc ON course.cno=
sc.cno WHERE sc.sno=s_no AND (sc.common_score*sc.common_ratio+sc.exam_score*
(1-sc.common_ratio))>=60;
     END IF;
     RETURN s_score;
   END;
```

② 编写代码，调用函数 show_score，显示每位学生的学号、姓名和取得的学分总数。SQL 语句如下。

```
SELECT sno,sn,show_score(sno) FROM student;
```

15.5.2 存储过程与游标实验

一、实验目的

掌握在 MySQL 中使用 SQL 语句定义和使用游标。

掌握在 MySQL 中使用 SQL 语句创建和执行用户自定义存储过程（以 SQL 命令为重点）。

掌握在 MySQL 中使用 SQL 语句完成存储过程的查看、修改、删除等管理任务。

二、实验内容

根据第 4 章和第 5 章实验所设计的数据库（education_lab）和其中的 3 个数据表（学生表 student、课程表 course 和学生成绩表 sc），完成以下实验内容，给出实验涉及的 SQL 语句。

（1）通过 MySQL 编程，完成用户存储过程的创建、调用、查看和删除等管理工作。

① 创建存储过程 showstudents，显示在 2002 年 7 月前出生的性别为“男”的所有学生的信息。SQL 语句如下。

```
CREATE PROCEDURE 'showstudents' ()
BEGIN
  SELECT * FROM student WHERE birthday<='2000-07-01' AND sex='男';
END;
```

② 编写程序代码，调用存储过程 showstudents。SQL 语句如下。

```
CALL showstudents();
```

③ 写出相应语句，分别查看存储过程 showstudents 的定义代码和状态特征。SQL 语句如下。

```
SHOW CREATE PROCEDURE showstudents;
SHOW PROCEDURE STATUS LIKE '%showstudents%';
```

④ 修改存储过程 showstudents，将其功能改为：显示在 2002 年 7 月前出生的性别为“女”的所有学生的信息。SQL 语句如下。

```
DROP PROCEDURE IF EXISTS 'showstudents';

DELIMITER $$
USE 'education_lab' $$
CREATE PROCEDURE 'showstudents' ()
BEGIN
  SELECT * FROM student WHERE birthday<='2002-07-01' AND sex='女';
END $$

DELIMITER;
```

（2）通过 MySQL 编程，利用存储过程向数据表中添加记录。

① 创建存储过程 insertsc，实现向选课表中添加一条选课记录，记录内容由参数传递完成，当提供的学号和课程号合法（即学号和课程号存在）且不存在该条选课记录时，向选课表中插入该记录，插入完成后，显示选课表的内容，否则输出“学号或课程号不存在或重复”的错误提示信息。SQL 语句如下。

```
CREATE PROCEDURE 'insertsc' (IN i_sno CHAR(10),IN i_cno CHAR(10),IN
i_datetime DATETIME)
BEGIN
  DECLARE i_count INT DEFAULT 0;
  SELECT COUNT(*) INTO i_count FROM sc WHERE sno=i_sno AND cno=i_cno AND
sc_datetime=i_datetime;
  SELECT i_count;
  IF i_count>=1 OR i_sno NOT IN (SELECT TRIM(sno) FROM student) OR i_cno NOT
IN (SELECT TRIM(cno) FROM course) THEN
     SELECT '学号或课程号不存在和重复';
  ELSE
     INSERT INTO sc(sno,cno,choose_datetime) VALUES(i_sno,i_cno,i_datetime);
  END IF;
END;
```

② 编写程序代码，调用存储过程 insertsc。SQL 语句如下。

```
CALL insertsc('0529','K001','2018-02-25 15:20:05');
```

③ 写出相应语句，删除存储过程 insertsc。SQL 语句如下。

```
DROP PROCEDURE IF EXISTS insertsc;
```

（3）通过 MySQL 编程，完成游标的创建与使用。

创建一个名称为 showcursor 的存储过程，在该存储过程中，创建一个名称为 shownum_cursor 的游标，对应的结果集为课程号、课程名和选课人数，然后利用游标逐一从结果集中取出每一条记录，并显示各字段的值。SQL 语句如下。

```
CREATE PROCEDURE 'showcursor' ()
BEGIN
  DECLARE p_cno CHAR(10);
  DECLARE p_cn VARCHAR(45);
```

```
    DECLARE p_sc_count INT DEFAULT 0;
    DECLARE shownum_cursor CURSOR FOR SELECT sc.cno,cn,COUNT(*) AS sc_count
FROM sc INNER JOIN course ON sc.cno=course.cno GROUP BY sc.cno;
    DECLARE CONTINUE HANDLER FOR NOT FOUND SET @finished=1;
    SET @finished=0;
    OPEN shownum_cursor;
    myloop: LOOP
    FETCH shownum_cursor INTO p_cno,p_cn,p_sc_count;
    IF @finished=1 THEN
       LEAVE myloop;
    ELSE
       SELECT p_cno,p_cn,p_sc_count;
    END IF;
    END LOOP myloop;
  CLOSE shownum_cursor;
  END;
```

第 16 章 触发器和事件

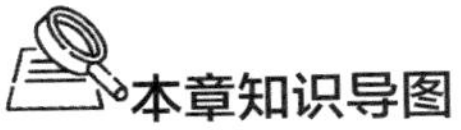

本章知识导图

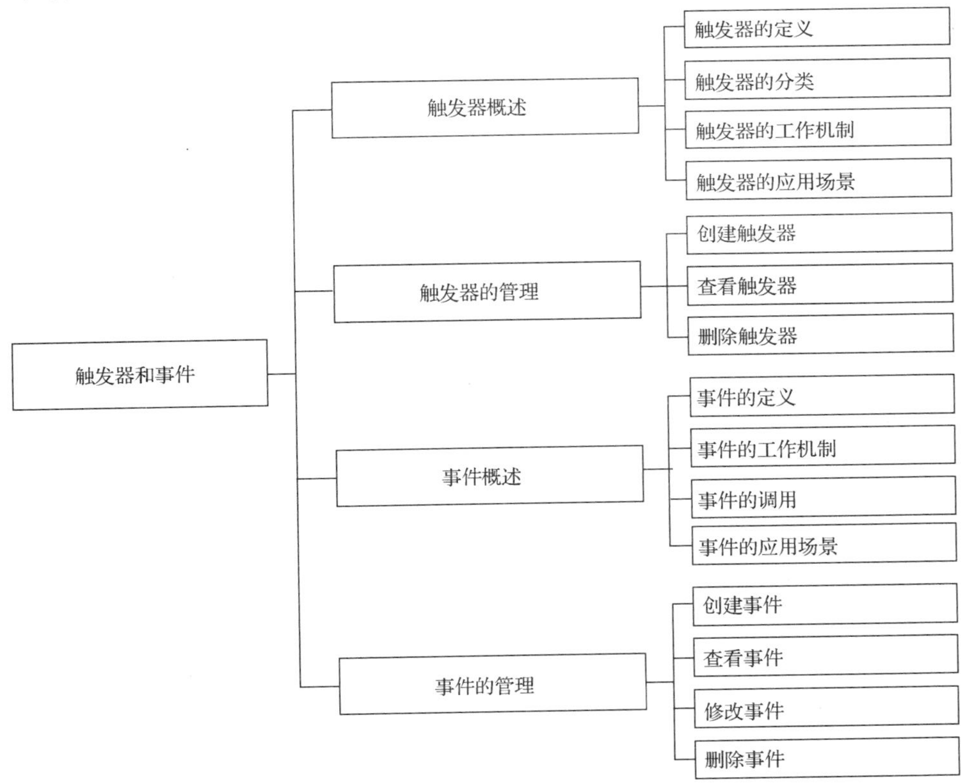

学习目标

- 了解 MySQL 中触发器和事件的应用场景。
- 掌握使用 MySQL 创建、查看和删除触发器的方法。

- 掌握使用 MySQL 创建、查看、修改和删除事件的方法。

重难点

【重点】
- 触发器的分类。
- 触发器中的 NEW 和 OLD 关键字。
- 触发器和事件的工作机制。
- 触发器和事件的应用。
- 使用 SQL 语句创建、查看、删除触发器的操作方法。
- 使用 SQL 语句创建、查看、修改、删除事件的操作方法。

【难点】
- 结合业务需要，创建不同类型的触发器。
- 结合业务需要，创建不同类型的事件。

16.1 核心知识点

16.1.1 触发器

1. 触发器的定义、分类和应用场景

（1）触发器的定义

触发器（TRIGGER）是在满足一定条件下自动触发执行的数据库对象，如向表中插入记录、更新记录或删除记录时被系统自动地触发并执行。

（2）触发器的分类

根据数据操作与触发器执行的先后顺序，可将触发器分为 BEFORE 和 AFTER 两类，BEFORE 触发器在 INSERT/UPDATE/DELETE 操作之前执行，AFTER 触发器则在 INSERT/UPDATE/DELETE 操作之后执行。每一类触发器根据触发的操作事件又可分为 INSERT、UPDATE 和 DELETE 3 类。

（3）触发器的应用场景

触发器主要可应用于以下场景：数据库的安全性检查、数据库的数据校验、数据库的审计、数据库的备份和同步、实现复杂的数据库完整性规则、自动计算数据值。

2. 在 MySQL 中使用 SQL 语句管理触发器

（1）创建触发器

触发器创建语句如下。

```
CREATE [DEFINER={'user'|CURRENT_USER}]
TRIGGER trigger_name trigger_time trigger_event
ON table_name
FOR EACH ROW
[trigger_order] trigger_body;
```

关键参数的含义如下。

① trigger_name：触发器的名称。触发器在当前数据库中必须具有唯一的名称。

② trigger_time：触发程序触发的顺序，指定为 BEFORE 或 AFTER，用来表示触发器是在触发它的程序之前或之后被触发。

③ trigger_event：触发器的触发操作事件，指明了激活触发程序语句的类型，主要包括以下几种。

INSERT：将新的数据插入表时激活触发程序，主要通过 INSERT、LOAD DATA 和 REPLACE 语句进行操作。LOAD DATA 语句用于将一个文件导入数据表中，相当于一系列 INSERT 操作；REPLACE 与 INSERT 类似，如果插入的数据与表中数据具有相同的 PRIMARY KEY 或 UNIQUE 索引，则先删除原来的数据，然后增加一条新的数据。

UPDATE：当修改表中数据时激活触发程序，主要通过 UPDATE 语句进行操作。

DELETE：从表中删除数据时激活触发程序，主要通过 DELETE 和 REPLACE 语句进行操作。

④ FOR EACH ROW：行级触发说明，即对受触发操作事件影响的每一行都要激活触发程序。目前 MySQL 只支持行级触发器，不支持语句级触发器。

⑤ trigger_body：触发器激活时执行的 MySQL 语句。当执行多条语句时，一般使用 BEGIN…END 复合语句结构。

（2）查看触发器

查看触发器是对数据库中已存在的触发器的定义、状态和语法等信息进行查看。用户可以通过 SHOW TRIGGERS 语句和查询 INFORMATION_SCHEMA 数据库下的 TRIGGERS 表两种方法来查看触发器的信息。

在 MySQL 中，可通过执行 SHOW TRIGGERS 语句查看所有触发器的详细信息，包括触发器名称、激活事件、操作对象表、执行的操作等，其语法格式如下。

```
SHOW TRIGGERS \G;
```

语句中\G 是在 DOS 环境下表示触发器信息纵向显示，触发器默认为横向显示，在 MySQL Workbench 中查询时不需要加\G。

在 MySQL 中，所有的触发器的定义都存储在 INFORMATION_SCHEMA 数据库下的 TRIGGERS 表中，可以通过 SELECT 语句来查看所有触发器和特定触发器的信息。

查看所有触发器信息的语法格式如下。

```
SELECT * FROM INFORMATION_SCHEMA.TRIGGERS;
```

使用 SELECT 语句查看特定触发器信息的语法格式如下。

```
SELECT * FROM INFORMATION_SCHEMA.TRIGGERS WHERE condition;
```

（3）删除触发器

MySQL 使用 DROP TRIGGER 语句来删除已经定义的触发器，其基本语法格式如下。

```
DROP TRIGGER [IF EXISTS] [schema_name.]trigger_name;
```

注意：执行 DROP TRIGGER 语句需要 SUPER 权限。删除一个表的同时，也会自动删除该表上的所有触发器。另外，触发器不能更新或覆盖，为了修改一个触发器，必须先删除它，再重新创建。

16.1.2　事件

1. 事件的定义和应用场景

（1）事件的定义

事件（EVENT）是一种特殊的存储过程，可以用于定时执行的任务，如定时删除记录、对数据进行汇总、清空表、删除表等某些特定任务。事件与触发器类似，都是在某些事务发生时被激活。有时事件也被称作临时性触发器。类似于 Linux 下的 cron 作业或 Windows 任务调度程序的思想，MySQL 事件是根据日程表运行的任务。当我们创建一个事件时，可以创建一个包含一条或多条 SQL 语句的数据库对象，这些 SQL 语句可以在固定的时刻或周期性地被激活执行。

（2）事件的应用场景

对于一些对数据实时性要求比较高的应用，如股票交易、银行转账、营业额汇总等应用，可以通过事件定时或周期性处理。通过事件可以将依赖于外部程序的一些对数据的定时性操作转变为依靠数据库本身提供的功能来实现。

2. 在 MySQL 中使用 SQL 语句管理事件

（1）创建事件

创建事件的语法格式如下。

```
CREATE EVENT [IF NOT EXISTS] event_name
ON SCHEDULE schedule
[ON COMPLETION [NOT] PRESERVE]
[ENABLE|DISABLE|DISABLE ON SLAVE]
[COMMENT 'comment']
DO event_body;
```

其中 schedule 的语法格式如下。

```
{AT timestamp [+INTERVAL interval]…
    |EVERY interval
    [STARTS timestamp [+ INTERVAL interval]…]
    [ENDS timestamp [+ INTERVAL interval]…] }
```

Interval 的语法格式如下。

```
quantity{YEAR|QUARTER|MONTH|DAY|HOUR|MINUTE|WEEK|SECOND|YEAR_MONTH|DAY_HOUR
|DAY_MINUTE|DAY_SECOND|HOUR_MINUTE|HOUR_SECOND|MINUTE_SECOND}
```

关键参数的含义如下。

① event_name：事件名称。同一个数据库中的事件名称必须是唯一的，事件名称不区分大小写。

② schedule：表示时间调度规则，决定事件激活的时间或频率。

AT 子句：定义事件发生的时刻。timestamp 表示一个具体的时刻，后面还可以加上一个时间间隔 interval，表示在这个时间间隔后激活事件。

EVERY 子句：定义事件在时间区间内每隔多长时间被激活一次。

STARTS 子句：指定事件执行的开始时间。

ENDS 子句：指定事件执行的结束时间。

③ ON COMPLETION [NOT] PRESERVE：可选项，表示是一次执行还是永久执行，默认为 ON COMPLETION NOT PRESERVE，即事件为一次执行，执行后会自动删除。ON

COMPLETION PRESERVE 为永久执行事件，执行后不会自动删除。

④ ENABLE|DISABLE|DISABLE ON SLAVE：可选项，表示设定事件的状态。默认为ENABLE，表示事件是被激活的，即事件调度器会检查该事件是否被调用。DISABLE 表示事件关闭，即事件的声明存储到目录中，但是事件调度器不会检查事件是否被调用。DISABLE ON SLAVE 表示事件在从机中是关闭的。

⑤ COMMENT 'comment'：可选项，定义注释的内容，comment 表示注释内容。

⑥ event_body：表示事件激活时执行的代码，可以是 SQL 语句、存储过程、事件或BEGIN…END 语句。

（2）查看事件

在当前数据库下，创建好事件后，用户可以通过以下方式查询事件的信息。

使用 SHOW EVENTS 语句可以查询所有事件的信息，语法格式如下。

```
SHOW EVENTS;
```

使用 SHOW CREATE EVENT 语句可以查询特定事件的信息，语法格式如下。

```
SHOW CREATE EVENT event_name;
```

（3）修改事件

使用 ALTER EVENT 语句可以修改事件的定义和相关属性，语法格式如下。

```
ALTER EVENT [IF NOT EXISTS] event_name
[ON SCHEDULE schedule]
[ON COMPLETION [NOT] PRESERVE]
[RENAME TO new_event_name]
[ENABLE|DISABLE|DISABLE ON SLAVE]
[COMMENT 'comment']
[DO event_body];
```

当使用 ON COMPLETION [NOT] PRESERVE 属性定义的事件最后一次执行后，事件就不存在了，因此，也不需要再修改事件了。

（4）删除事件

使用 DROP EVENT 语句可以删除事件，语法格式如下。

```
DROP EVENT [IF NOT EXISTS] event_name;
```

16.2 典型习题

一、选择题

1. MySQL 所支持的触发器不包括（　　）。

   A. INSERT 触发器　B. DELETE 触发器　C. UPDATE 触发器　D. CHECK 触发器

2. 关于触发器，下述说法错误的是（　　）。

   A. NEW 关键字在 INSERT 触发器中访问被插入的行

   B. 同一张表中可以同时有两个 BEFORE UPDATE 触发器

   C. 根据执行的顺序，触发器主要包括 BEFORE 和 AFTER 两类

   D. OLD 临时表中的值只能读，不能被更新

3. 关于事件，下述说法错误的是（　　）。

   A. 事件是可以用于定时执行任务的一种特殊的存储过程

B. 用户可以使用 CREATE EVENT 语句创建事件

C. 如果创建事件时没有定义状态，默认为 ENABLE 状态

D. 用户可以使用 UPDATE EVENT 语句修改事件的定义和相关属性

二、填空题

1. 删除已有触发器的关键字为________________。

2. 用于一些如计算平均值、计算行数等后续统计工作的触发器为________________。

3. 定义事件发生时刻的子句为____________________，定义事件激活周期的子句为________________。

三、简答题

1. 简述触发器的触发操作事件。

2. 简述创建、查询和删除事件的方法。

16.3 实验任务

触发器和事件管理实验

一、实验目的

掌握在 MySQL 中使用 MySQL Workbench 或 SQL 语句创建触发器完成复杂数据操作。

掌握在 MySQL 中使用 MySQL Workbench 或 SQL 语句创建事件完成复杂数据操作。

二、实验内容

根据第 4 章和第 5 章实验创建的学生成绩管理数据库及学生表、课程表和学生成绩表，在 MySQL 中使用 MySQL Workbench 和 SQL 语句创建触发器和事件完成复杂的数据操作。

（1）为了防止有人随意修改学生成绩，学校规定只有教务处用户（user2）才可以修改学生成绩表中的数据，普通教师用户（user1）不能随意修改学生成绩，若修改则会输出“用户没有权限”。创建触发器完成上述成绩修改权限问题，具体步骤如下。

① 在数据库中创建两个用户“user1”和“user2”。

② 查看数据库中所有的用户，确认两名用户创建成功。

③ 创建触发器（名字自拟，符合命名规则即可）完成成绩修改权限限制功能。

④ 分别使用用户“user1”和“user2”修改学生成绩表中任意学生成绩信息并查看结果。

（2）学校规定，所有转入计算机专业的学生都需要重修课程“计算机应用基础（K002）”。在 MySQL 中使用 MySQL Workbench 和 SQL 语句创建触发器完成以下操作。

① 创建触发器（名字自拟，符合命名规则即可）完成以下功能：当向学生表中插入转入学生信息时，需要向学生成绩表中插入该学生的“计算机应用基础（K002）”课程的成绩信息，平时成绩和期末成绩的初始值均为 NULL，平时成绩比重为 0.3。

② 在学生表中插入表 16-1 所示的学生信息。

表 16-1 插入的学生信息

0593	王志军	男	2003-9-2	计算机	信息学院	1588524××××

③ 查询学生成绩表中学号为“0593”的学生的信息来验证触发器的功能。

（3）当某个学生退学时，需要把学生表中该学生的信息删除，为了减少数据库中的垃圾数据，需要从学生成绩表中删除该学生相应的成绩信息。

① 创建触发器（名字自拟，符合命名规则即可）实现以下功能：在删除学生信息之前，把学生成绩表中该学生所有相关数据删除。

② 删除学生表中学号为“0593”的学生信息。

③ 查询学生成绩表中学号为“0593”的学生的信息来验证触发器功能。

（4）为了更好地了解学生的成绩状况，首先，创建表16-2所示的统计成绩表，用来存放学生的平均成绩和总成绩，其中：

每门课成绩=平时成绩*平时成绩比重+期末成绩*（1-平时成绩比重）；

总成绩=所有课程成绩的总和；

平均成绩=总成绩/课程数。

表 16-2 统计成绩表

学号	平均成绩	总成绩	统计时间
CHAR(10)	DECIMAL(4,2)	DECIMAL(5,2)	DATETIME

在 MySQL 中使用 MySQL Workbench 或 SQL 语句实现下述操作。

① 在数据库中创建统计成绩表。

② 创建事件（名字自拟，符合命名规则即可）完成以下功能：每个月统计一次学生的平均成绩和总成绩，并把结果插入统计成绩表中。

③ 为了防止统计成绩表中的数据过多而影响操作效率，创建事件于2023年年底删除统计成绩表中所有的数据。

（5）教务处想保留统计成绩表中的成绩数据，但是从现在到2023年年底的数据还没有生成，因此，需要阶段性地保存成绩信息。在 MySQL 中使用 MySQL Workbench 或 SQL 语句实现下述操作。

① 根据已知的统计成绩表创建一个表结构相同的副表。

② 创建事件实现以下功能：从现在开始到2023年年底，把每个月的成绩数据都保存到副表中。

16.4 习题解答

16.4.1 教材习题解答

一、选择题

1. D。可以通过删除原来的触发器后创建同名的触发器进行修改，因此选 D。

2. D。根据数据操作与触发器执行的先后顺序，可将触发器分为 BEFORE 和 AFTER 触发器；根据触发的操作事件，可将触发器分为 INSERT、UPDATE 和 DELETE 触发器，因此选 D。

3. B。修改表中的数据操作使用 UPDATE 关键字，因此，创建修改表中数据的触发器基于 UPDATE 操作，选 B。

4. D。A 选项根据触发事件触发器分为 BEFORE 和 AFTER 触发器；B 选项为触发器的应用场景，可以实现数据库的完整性规则；C 选项，当删除一个表时，同时会自动删除该表上的所有触发器。因此，以上 3 项都正确。

5. B。根据修改事件的语法格式，可以使用 ALTER EVENT event_name DISABLE; 语句临时关闭事件 event_name。

6. C。A 选项，使用 SHOW EVENTS 语句只能查询当前数据库中的事件。B 选项，递归调度的事件存在时间差，而时间差不能为负值，因此，结束日期不能在开始日期之前。D 选项，事件和触发器都是特殊的存储过程，可以被调度。

二、填空题

1. BEFORE；AFTER。
2. CREATE TRIGGER；DROP TRIGGER。
3. SHOW CREATE EVENT。
4. ALTER EVENT。

三、综合题

1. 触发器是在满足一定条件下自动触发执行的数据库对象，如向表中插入记录、更新记录或者删除记录时被系统自动地触发并执行的特殊类型的存储过程。触发器的作用是可以对表执行复杂的完整性约束。

2. 触发器分为 BEFORE 和 AFTER 两类。BEFORE 触发器在 INSERT/UPDATE/DELETE 操作之前执行，AFTER 触发器则在 INSERT/UPDATE/DELETE 操作之后执行。

3. 事件是一种特殊的存储过程，可以用于定时执行的任务，如定时删除记录、对数据进行汇总、清空表、删除表等某些特定任务。事件与触发器类似，都是在某些事务发生时被激活。触发器的语句是为了响应给定表上发生的特定类型的操作事件而执行的，而事件的语句是为了响应指定的时间间隔而执行的。

4. 可以通过以下 SQL 语句开启（on）或者关闭（off）事件调度器。

```
SET GLOBAL event_scheduler = on|off;
SET @@GLOBAL.event_scheduler = on|off;
```

5. 创建名称为 trigger_name 的触发器的 SQL 语句如下。

```
DELIMITER $
CREATE TRIGGER trigger_name
BEFORE DELETE
ON c
FOR EACH ROW
BEGIN
  DELETE FROM sc WHERE sc.cno = OLD.cno;
  DELETE FROM tc WHERE tc.cno = OLD.cno;
END $;
```

6. SQL 语句如下。

```
DELIMITER $
CREATE TRIGGER trigger_name
BEFORE UPDATE
ON sc
FOR EACH ROW
BEGIN
  IF NEW.score < 60 THEN
     SET NEW.score = 60;
  ELSEIF NEW.score > 90 THEN
      SET NEW.score = 90;
  END IF;
END $;
```

7. 创建事件的 SQL 语句如下。

```
CREATE EVENT event_name
ON SCHEDULE AT '2021-03-01 13:36:59'
DO
INSERT INTO c VALUES('c9','线性代数',32);
```

8. 创建事件的 SQL 语句如下。

```
CREATE EVENT event_name
ON SCHEDULE EVERY 1 MONTH
DO
SELECT sno, AVG(score), SUM(score) FROM sc GROUP BY sc.sno;
```

16.4.2 典型习题解答

一、选择题

1. D。基于触发的操作事件区分触发器。

2. B。A 选项，触发程序中可以使用 NEW 关键字访问新记录；C 选项，根据数据操作与触发器执行的先后顺序分类；D 选项，OLD 表用于存放数据修改过程中的原有数据。

3. D。D 选项，用户可以使用 ALTER EVENT 语句修改事件的定义和相关属性。

二、填空题

1. DROP TRIGGER。

2. AFTER 触发器。

3. AT 子句；EVERY 子句。

三、简答题

1. 触发器的触发操作事件主要包括以下 3 种。

INSERT：将新的数据插入表时激活触发程序，主要通过 INSERT、LOAD DATA 和 REPLACE 语句进行操作。LOAD DATA 语句用于将一个文件导入数据表中，相当于一系列的 INSERT 操作；REPLACE 与 INSERT 类似，如果插入的数据与表中数据具有相同的 PRIMARY KEY 或 UNIQUE 索引，则先删除原来的数据，然后增加一条新的数据。

UPDATE：当修改表中数据时激活触发程序，主要通过 UPDATE 语句进行操作。

DELETE：从表中删除数据时激活触发程序，主要通过 DELETE 和 REPLACE 语句进行操作。

2. 在 MySQL 中，使用 CREATE EVENT 语句创建一个事件，事件主要由两部分组成，第一部分是事件调度，说明事件激活的时刻和频率；第二部分是事件动作，说明事件激活时执行的 SQL 语句。

在当前数据库下，创建好事件后，用户可以通过两种方式查询事件的信息：使用 SHOW EVENTS 语句查询当前数据库中所有事件的信息；使用 SHOW CREATE EVENT 语句查询特定事件的信息。

在 MySQL 中，使用 DROP EVENT 语句删除事件。

16.5 实验任务解答

触发器和事件管理实验

一、实验目的

掌握在 MySQL 中使用 MySQL Workbench 或 SQL 语句创建触发器完成复杂数据操作。

掌握在 MySQL 中使用 MySQL Workbench 或 SQL 语句创建事件完成复杂数据操作。

二、实验内容

根据第 4 章和第 5 章实验创建的学生成绩管理数据库及学生表、课程表和学生成绩表，在 MySQL 中使用 MySQL Workbench 和 SQL 语句创建触发器和事件完成复杂的数据操作。

（1）创建触发器完成成绩修改权限问题，具体步骤及 SQL 语句如下。

① 在数据库中创建两个用户“user1”和“user2”，SQL 语句如下。

```
CREATE USER 'user1'@'localhost' IDENTIFIED BY '123456';
CREATE USER 'user2'@'localhost' IDENTIFIED BY '123456';
GRANT Alter,Create,Delete,Drop,Event,Execute,Index,Insert,Select,Show Databases,Show View,Trigger,Update ON *.* TO 'user1'@'localhost';
GRANT Alter,Create,Delete,Drop,Event,Execute,Index,Insert,Select,Show Databases,Show View,Trigger,Update ON *.* TO 'user2'@'localhost';
```

② 查看数据库中所有的用户，确认两名用户创建成功，SQL 语句如下。

```
SELECT user, plugin FROM mysql.user;
```

③ 创建触发器完成成绩修改权限限制功能，SQL 语句如下。

```
DELIMITER $$
CREATE TRIGGER 'change_sc_trigger'
BEFORE UPDATE
ON 'sc'
FOR EACH ROW
BEGIN
    IF user() <> 'user2'@'localhost' THEN
       SIGNAL SQLSTATE 'HY000' SET MESSAGE_TEXT='用户没有权限';
    END IF;
END $$;
```

④ 分别使用用户“user1”和“user2”修改学生成绩表中任意学生成绩信息并查看结果，SQL 语句如下。

```
UPDATE sc SET common_score = '95' WHERE cno = 'K001' AND sno = '0433';
```

（2）在 MySQL 中使用 MySQL Workbench 和 SQL 语句创建触发器完成以下操作。

① 创建触发器完成以下功能：当向学生表中插入转入学生信息时，需要向学生成绩表中插入该学生的“计算机应用基础（K002）”课程的成绩信息，平时成绩和期末成绩的初始值均为 NULL，平时成绩比重为 0.3，SQL 语句如下。

```
DELIMITER $$
CREATE TRIGGER insert_sc_trigger
AFTER INSERT ON student
FOR EACH ROW
BEGIN
    INSERT INTO sc VALUES('K002',NEW.sno,now(),null,'0.3',null);
END;
END $$;
```

② 在学生表中插入表 16-1 所示的学生信息，SQL 语句如下。

```
INSERT INTO student VALUES('0593','王志军','男','2003-9-2','计算机','信息学院',
'1588524××××');
```

③ 查询学生成绩表中学号为“0593”的学生的信息来验证触发器的功能，SQL 语句如下。

```
SELECT * FROM sc WHERE sno = '0593';
```

（3）从学生成绩表中删除学生相应的成绩信息。

① 创建触发器实现以下功能：在删除学生信息之前，把学生成绩表中该学生所有相关数据删除。SQL 语句如下。

```
DELIMITER $$
CREATE TRIGGER delete_sc_trigger
BEFORE DELETE ON student
FOR EACH ROW
BEGIN
     DELETE FROM sc WHERE sno = OLD.sno;
END;
END $$;
```

② 删除学生表中学号为“0593”的学生信息，SQL 语句如下。

```
DELETE FROM student WHERE sno = '0593';
```

③ 查询学生成绩表中学号为“0593”的学生的信息来验证触发器功能，SQL 语句如下。

```
SELECT * FROM sc WHERE sno = '0593';
```

（4）在 MySQL 中使用 MySQL Workbench 或 SQL 语句实现下述操作。

① 在数据库中创建统计成绩表，SQL 语句如下。

```
CREATE TABLE 'savg_lab' (
    'sno' CHAR(10) NOT NULL COMMENT '学号',
    'avg_grade' DECIMAL(4,2) DEFAULT NULL COMMENT '平均成绩',
    'sum_grade' DECIMAL(4,2) DEFAULT NULL COMMENT '总成绩',
    'ins_datetime' DATETIME NOT NULL COMMENT '统计时间'
) ENGINE=InnoDB DEFAULT CHARSET=utf8mb4 COLLATE=utf8mb4_0900_ai_ci;
```

② 创建事件完成以下功能：每个月统计一次学生的平均成绩和总成绩，并把结果插入

统计成绩表中。SQL 语句如下。

```
CREATE EVENT IF NOT EXISTS insert_savg_event
ON SCHEDULE EVERY 1 MONTH
ON COMPLETION PRESERVE
DO INSERT INTO savg_lab SELECT sno,AVG((common_score * common_ratio) +
(common_score * (1-common_ratio))) AS avg_grade,SUM((common_score *
common_ratio) + (common_score * (1-common_ratio))) AS sum_grade,now() FROM sc
GROUP BY sno;
```

③ 为了防止统计成绩表中的数据过多而影响操作效率，创建事件于 2023 年年底删除统计成绩表中所有的数据，SQL 语句如下。

```
CREATE EVENT IF NOT EXISTS delete_savg_event
ON SCHEDULE AT TIMESTAMP '2023-12-31 23:59:59'
DO TRUNCATE TABLE savg_lab;
```

（5）在 MySQL 中使用 MySQL Workbench 或 SQL 语句实现下述操作。

① 根据已知的统计成绩表创建一个表结构相同的副表，SQL 语句如下。

```
CREATE TABLE savg_bak_lab SELECT * FROM savg_lab WHERE 1=2;
```

② 创建事件实现以下功能：从现在开始到 2023 年年底，把每个月的成绩数据都保存到副表中。SQL 语句如下。

```
CREATE EVENT IF NOT EXISTS delete_savg_event
ON SCHEDULE  EVERY 1 MONTH
STARTS CURRENT_TIMESTAMP
ENDS '2023-12-31 13:59:59'
DO INSERT INTO savg_bak_lab SELECT * FROM savg_lab WHERE
data_format(current_date() , 'yyyy-mm')= date_format(ins_datetime ,'yyyy-mm');
```

第 17 章

使用 Python 连接 MySQL 数据库

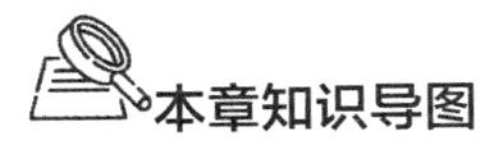

本章知识导图

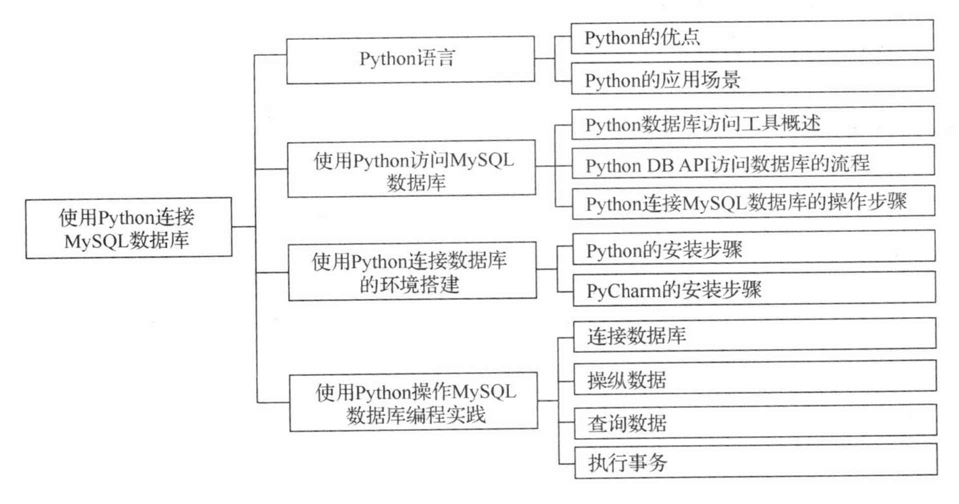

学习目标

- 了解 Python 语言的优点和应用场景及使用 Python 连接数据库的环境搭建方法。
- 掌握使用 Python 访问 MySQL 数据库的方法和详细步骤。
- 掌握使用 Python 操纵 MySQL 数据库数据的方法，包括插入、删除、修改数据。
- 掌握使用 Python 查询 MySQL 数据库数据的方法。

重难点

【重点】

- 使用 Python 访问 MySQL 数据库的方法和详细步骤。
- 使用 Python 操纵 MySQL 数据库数据的方法，包括插入、删除、修改数据。

- 使用 Python 查询 MySQL 数据库数据的方法。

【难点】

- 结合业务需要，使用 Python 操纵 MySQL 数据库。
- 结合业务需要，使用 Python 查询 MySQL 数据库。

17.1 核心知识点

17.1.1 使用 Python 访问 MySQL 数据库

1. Python 数据库访问工具

（1）Python DB API

Python DB API 是 Python 访问数据库的统一接口规范。它定义了一系列的对象和数据库存取方式，可以为各种各样的底层数据库系统和多种多样的数据库接口程序提供一致的访问接口。

（2）Connection 对象

Connection 对象用于与 MySQL 数据库系统建立连接，等价于到服务器的实际网络连接，其主要方法如表 17-1 所示。

表 17-1　Connection 对象的主要方法

方法	说明
cursor( )	使用连接返回一个新的游标对象
commit( )	提交当前事务，如果不提交，那么自上次调用 commit( )方法之后的所有修改都不会保存到数据库文件中
rollback( )	撤销当前事务，此方法将使数据库回滚到提交 commit( )方法后的状态。在未提交的情况下关闭连接将导致执行隐式回滚
close( )	关闭数据库连接，即从现在开始，Python 与 MySQL 服务器的连接无法使用。如果试图对该连接进行任何操作，将引发 Error 异常

（3）Cursor 对象

Python 可以利用 Cursor 对象向 MySQL 发送 SQL 查询，以及获取 MySQL 处理查询生成的结果，Cursor 对象支持的主要方法如表 17-2 所示。

表 17-2　Cursor 对象支持的主要方法

方法	说明
execute(query [,args])	执行一个数据库查询命令，其中 query（字符型）参数为需要执行的查询操作，args（元组、列表或字典类型）为可选项，为与查询一起使用的参数
nextset( )	将游标跳到下一个可用集，丢弃当前集合中的任何剩余行。如果没有更多的集合，该方法返回 None
fetchone( )	获取结果集的下一行
fetchmany(size)	获取结果集的指定几行

续表

方法	说明
fetchall( )	获取结果集中的所有行
rowcount	最近一次 execute 返回数据的行数或影响行数
close( )	关闭游标对象

（4）Exception 异常类

Python DB API 通过 Exceptions 异常类或其子类提供所有的错误信息，在 Python 操作数据库过程中主要有表 17-3 所示异常。

表 17-3　Exceptions 异常

异常	描述
Warning	严重警告引发的异常，如插入数据时被截断等，它必须是 StandardError 的子类
Error	所有其他错误异常的基类，可以捕获警告以外所有其他异常类，必须是 StandardError 的子类
InterfaceError	数据库接口模块的错误（而不是数据库的错误）引发的异常，必须是 Error 的子类
DatabaseError	与数据库有关的错误引发的异常，必须是 Error 的子类
DataError	处理数据时的错误引发的异常，如除零错误、数据超范围等，必须是 DatabaseError 的子类
OperationalError	与数据库操作相关且不一定在用户控制下发生的错误引发的异常，如连接意外断开、找不到数据源名称、事务无法处理，其必须是 DatabaseError 的子类
IntegrityError	数据库的关系完整性相关的错误引发的异常，如外键检查失败等，其必须是 DatabaseError 子类
InternalError	数据库的内部错误引发的异常，如游标不再有效、事务不同步等，其必须是 DatabaseError 子类
ProgrammingError	程序错误引发的异常，如 SQL 语句语法错误、参数数量错误等，其必须是 DatabaseError 的子类
NotSupportedError	使用数据库不支持的方法或 API 引发的异常，如使用.rollback( )函数作为连接函数等，其必须是 DatabaseError 的子类

2. 使用 Python DB API 访问数据库的流程

在 Python 中，使用 Python DB API 访问数据库的流程如图 17-1 所示。

（1）导入特定数据库相应的 Python 编程接口。

（2）使用 connect( )函数连接数据库，并返回一个 Connection 对象。

（3）通过 Connection 对象的 cursor( )方法，返回一个 Cursor 对象。

（4）通过 Cursor 对象的 execute( )方法执行 SQL 语句，包括执行命令、执行查询、获取数据和处理数据等。

（5）如果执行的是查询语句，通过 Cursor 对象的 fetchall( )等方法返回结果。

（6）调用 Cursor 对象的 close( )方法关闭 Cursor 对象。

（7）调用 Connection 对象的 close( )方法关闭数据库连接。

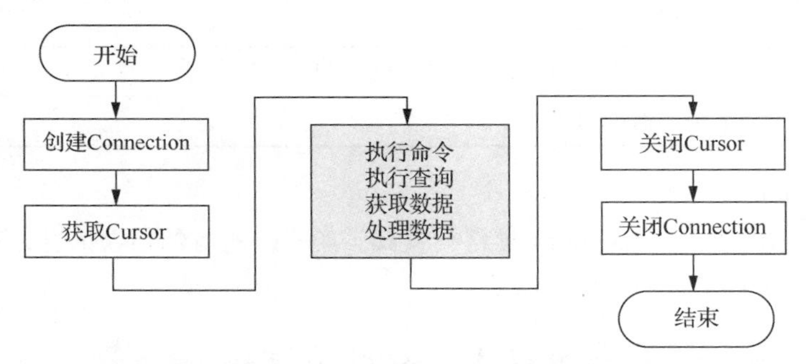

图 17-1　使用 Python DB API 访问数据库的流程

3．使用 Python 连接 MySQL 数据库

使用 Python 访问 MySQL 数据库一般通过接口实现，常用的接口有 mysql.connector、MySQLdb 和 PyMySQL。本章以 mysql.connector 接口为例，介绍使用 Python 操作 MySQL 数据库的方法和步骤。使用 Python 连接 MySQL 数据库主要分为以下几个步骤。

（1）在 Python 创建的.py 文件中导入 mysql.connector 接口，代码如下。

```
import mysql.connector
```

（2）建立与 MySQL 服务器的连接，并连接当前的数据库，代码如下。

```
db=mysql.connector.connect(
    host='host_name',
    user='user_name',
    passwd='mysql_password',
    database='database_name',
    port='port_number')
```

参数说明如下。

① db：连接对象的返回名。

② host_name：MySQL 数据库服务器所在的主机名，可以是域名或 IP 地址。

③ user_name：可以登录 MySQL 服务器的用户名。

④ mysql_password：登录 MySQL 数据库服务器验证用户身份的密码。

⑤ database_name：要操作的已经创建好的数据库名。

⑥ port：要使用的 MySQL 端口号，默认是 3306，一般不需要设置。

（3）使用游标对连接的数据库对象执行 SQL 操作和关闭数据库连接，代码如下。

```
cursor=db.cursor()  # 使用数据库连接对象的 cursor()方法创建一个游标对象
    try:
    cursor.execute("sql_querys")        # 使用 execute() 方法执行 SQL 语句
    db.commit()                         # 提交事务到数据库执行
    except:
    db.rollback()                       # 如果发生错误则执行回滚操作
    cursor.close()                      # 关闭游标
    db.close()                          # 关闭数据库连接
```

sql_querys 表示在 MySQL 中执行的 SQL 语句、存储过程或 BEGIN…END 语句块。

17.1.2 Python 操作 MySQL 数据库编程实践

1. 插入数据

通过编写 Python 代码把王天一、苏红霞、林勇和李玉 4 位学生的信息插入学生表 s 中。具体代码如下。

```
import mysql.connector
db=mysql.connector.connect(                          # 打开数据库连接
    host='localhost',
    user='root',
    passwd='123456',
    database='teaching')
cursor=db.cursor()                                   # 使用 cursor() 方法创建一个游标对象
try:                                                 # 执行 sql 插入语句
cursor.execute("INSERT INTO s VALUES('s9','王天一','女',18,'计算机','信息学院')")
cursor.execute("INSERT INTO s VALUES('s10','苏红霞','女',20,'信息','信息学院')")
cursor.execute("INSERT INTO s VALUES('s11','林勇','男',19,'信息','信息学院')")
cursor.execute("INSERT INTO s VALUES('s12','李玉','女',21,'自动化','工学院')")
    db.commit()                                      # 提交到数据库执行
except:
    db.rollback()                                    # 如果发生错误则回滚
    db.close()                                       # 关闭数据库连接
```

2. 删除数据

通过编写 Python 代码可以对 MySQL 数据库进行删除操作。删除学生表 s 中 sno=s12 的学生，Python 代码如下。

```
import mysql.connector
db=mysql.connector.connect(                          # 打开数据库连接
    host='localhost',
    user='root',
    passwd='123456',
    database='teaching')
cursor=db.cursor()                          # 使用 cursor()方法创建一个游标对象
try:
    cursor.execute("DELETE FROM s WHERE sno='s12'") # 执行 SQL 语句
    db.commit()                                      # 提交到数据库执行
except:
    db.rollback()                                    # 如果发生错误则回滚
    db.close()                                       # 关闭数据库连接
```

3. 修改数据

通过编写 Python 代码将 s 表中姓名为林毅的学生的 maj 改为“计算机”。具体代码如下。

```
import mysql.connector
db=mysql.connector.connect(                          # 打开数据库连接
    host='localhost',
    user='root',
    passwd='123456',
```

```
    database='teaching')
cursor=db.cursor()                        # 使用 cursor() 方法创建一个游标对象
sql="UPDATE s SET maj='计算机' WHERE sn='林毅'"
try:
    cursor.execute(sql)                                      # 执行 SQL 语句
    db.commit()                                              # 提交到数据库执行
except:
    db.rollback()                                            # 如果发生错误则回滚
    db.close()                                               # 关闭数据库连接
```

4. 查询数据

通过编写 Python 代码查询 s 表中 age 字段值大于等于 20 的所有数据。具体代码如下。

```
import mysql.connector
db = mysql.connector.connect(              # 打开数据库连接
host='localhost',
user='root',
passwd='123456',
database='teaching')
cursor=db.cursor()                         # 使用 cursor()方法创建一个游标对象
sql="SELECT * FROM s WHERE age >=%s" % 20
try:
      cursor.execute(sql)                  # 执行 SQL 语句
      results = cursor.fetchall()          # 获取所有满足条件的记录列表
      print(results)                       # 输出结果
except:
      db.close()                           # 关闭数据库连接
```

17.2 典型习题

一、选择题

1. 下列不是 Connection 对象的方法的是（　　）。

   A. commit( )　　B. rollback( )　　C. close( )　　D. nextset( )

2. 下述不正确的是（　　）。

   A. 使用 Python 编程，在建立游标之时，系统就自动开始了一个隐形的数据库事务

   B. Python 使用 Cursor 对象的 close( )方法关闭数据库连接

   C. Python 通过 Cursor 对象的 execute( )方法执行 SQL 语句

   D. 如果在 Python 代码中不提交事务，则原始表不会发生改变

二、填空题

1. Python DB API 提供了两个处理事务的方法，即________和________。

2. Cursor 对象支持的方法中获取结果集的下一行的方法为________，获取结果集中所有行的方法为________。

3. 使用接口连接数据库的是________函数。

三、简答题

简述使用 Python DB API 访问数据库的流程。

17.3 实验任务

数据库管理实验

一、实验目的

掌握使用 Python 连接 MySQL 数据库的方法。

掌握使用 Python 操纵 MySQL 数据库数据的方法，包括插入、删除、修改数据。

掌握使用 Python 查询 MySQL 数据库数据的方法。

二、实验内容

根据第 4 章和第 5 章实验中创建的学生成绩管理数据库及学生表、课程表和学生成绩表，在 Python 中使用 Python 代码和 SQL 语句完成数据操作功能，并给出代码。

（1）使用 Python 连接数据库 education_lab。

（2）使用 Python 向学生成绩表中插入表 17-4 所示的两条记录。

表 17-4　插入的两条记录

M001	0531	2019-2-26 13:15:12	77	0.4	
K002	0591	2018-2-26 13:15:12	82.5	0.4	86

（3）把平时成绩和期末成绩为空的学生的成绩修改成 0。

（4）查询所有学生的每门课程的总成绩（总成绩=平时成绩*平时成绩比重+考试成绩*（1-平时成绩比重））并输出。

（5）查询期末成绩最高的学生的成绩信息并输出。

（6）统计学生期末成绩低于所有学生总平均成绩的人数。

（7）删除平时成绩和期末成绩都为 0 的记录，并输出删除的记录数。

17.4 习题解答

17.4.1 教材习题解答

一、选择题

1. D。D 选项，Python 为编程语言，不能对硬件进行操作。

2. B。B 选项，只有执行查询语句的时候，才会通过 Cursor 对象的 fetchall( )等方法返回结果。

3. B。B 选项，Connection 对象通过 cursor( )方法获取游标对象。

4. C。B 选项，fetchall( )方法获取结果集中的所有行；C 选项，fetchmany(size)方法获取结果集的指定几行。

5. A。A 选项中 InterfaceError 是 Error 的子类，其余选项都是 DatabaseError 的子类。
6. D。执行 SQL 语句的方法是 execute( )。

二、填空题

1. host；user；passwd。
2. fetchone( )；rowcount。
3. commit( )；rollback( )。
4. mysql.connector；MySQLdb；PyMySQL。

三、综合题

1. Python 程序设计语言的优势：编程简单；语法非常清晰；可扩展性好；具有很强的面向对象特性，而且简化了面向对象的实现。

应用场景：Web 开发、人工智能开发、自动化运维、服务器软件、嵌入式开发。

2. 以 mysql.connector 接口为例，Python 连接 MySQL 数据库的基本步骤如下。

① 将 Python 创建的.py 文件导入 mysql.connector 接口。

② 建立与 MySQL 服务器的连接，并连接当前的数据库。

③ 使用游标对连接的数据库对象执行 SQL 操作和关闭数据库连接操作。

3. 使用 MySQL Workbench 创建数据库 mysql_test 的语句如下。

```
CREATE DATABASE mysql_test;
```

使用 MySQL Workbench 在数据库 mysql_test 中创建表 tb_test 的语句如下。

```
CREATE TABLE tb_test(
    sno CHAR(5) NOT NULL,
    sname VARCHAR(20) NOT NULL,
    ssex CHAR(1) NOT NULL,
    sbirthday DATE NOT NULL,
    ssalary DOUBLE(10,2) NOT NULL,
    scomm DOUBLE(10,2) NULL,
    smaj CHAR(5) NULL,
    PRIMARY KEY (sno));
```

（1）往员工表 tb_test 中插入 4 条记录，代码如下。

```
import mysql.connector          # 打开数据库连接
db=mysql.connector.connect(
    host='localhost',
    user='root',
    passwd='123456',
    database='mysql_test')
# 使用 cursor()方法创建一个游标对象
cursor=db.cursor()
cursor.execute("INSERT INTO tb_test VALUES('S0001', '张三', '1',
'1921-12-30', '10000',5684.25,null)")
cursor.execute("INSERT INTO tb_test VALUES('S0002', '李四', '1', '1952-03-05',
'8000',null, 'S0001')")
cursor.execute("INSERT INTO tb_test VALUES('S0003','王五','1', '1962-08-05',
'6000',1235.28, 'S0001')")
cursor.execute("INSERT INTO tb_test VALUES('S0004', '赵六', '1', '1972-04-21',
'4000',2456.25, 'S0001')")
db.commit()          # 提交到数据库执行
```

（2）把 S0002 的 ssex 修改成 3，代码如下。

```
cursor.execute("UPDATE tb_test SET SSEX = '3' WHERE SNO = 'S0002'")
# 提交到数据库执行
db.commit()
```

（3）查询一个月（按照 30 天算）需要支出给所有员工多少钱，代码如下。

```
cursor.execute("SELECT (SUM(ssalary)+SUM(scomm))*30 FROM tb_test")
result=cursor.fetchall()        # 获取所有满足条件的记录列表
print(result)                   # 输出结果
```

（4）查询于 1960-01-01 之后出生的所有员工信息，并按照奖金降序排列输出，代码如下。

```
cursor.execute("SELECT * FROM tb_test WHERE sbirthday > '1960-01-01' ORDER
BY scomm DESC")
result=cursor.fetchall()        # 获取所有满足条件的记录列表
print(result)                   # 输出结果
```

（5）查询有领导的员工中奖金最高的员工信息并输出，代码如下。

```
cursor.execute("SELECT * FROM tb_test WHERE smaj IS NOT NULL ORDER BY scomm
DESC")
result=cursor.fetchone()        # 获取所有满足条件的记录列表
print(result)                   # 输出结果
```

（6）删除奖金低于 2000 的员工信息，并输出删除的总人数，代码如下。

```
cursor.execute("DELETE FROM tb_test WHERE scomm < '2000'")
result=cursor.rowcount          # 获取所有满足条件的记录列表
print(result)                   # 输出结果
```

（7）查询 S0004 员工的领导的姓名、生日，代码如下。

```
cursor.execute("SELECT sname,sbirthday FROM tb_test WHERE sno = 'S0004'")
result=cursor.fetchall()        # 获取所有满足条件的记录列表
print(result)                   # 输出结果
db.close()                      # 关闭数据库连接
```

17.4.2 典型习题解答

一、选择题

1. D。nextset( )为 Cursor 对象支持的方法。
2. B。关闭数据库连接需要调用 Connection 对象的 close( )方法。

二、填空题

1. commit( )；rollback( )。
2. fetchone( )；fetchall( )。
3. connect( )。

三、简答题

使用 Python DB API 访问数据库的流程如下。

① 导入特定数据库相应的 Python 编程接口。

② 使用 connect( )函数连接数据库，并返回一个 Connection 对象。

③ 通过 Connection 对象的 cursor( )方法，返回一个 Cursor 对象。

④ 通过 Cursor 对象的 execute( )方法执行 SQL 语句，包括执行命令、执行查询、获取

数据和处理数据等。

⑤ 如果执行的是查询语句，通过 Cursor 对象的 fetchall( )等方法返回结果。

⑥ 调用 Cursor 对象的 close( )方法关闭 Cursor 对象。

⑦ 调用 Connection 对象的 close( )方法关闭数据库连接。

17.5 实验任务解答

数据库管理实验

一、实验目的

掌握使用 Python 连接 MySQL 数据库的方法。

掌握使用 Python 操纵 MySQL 数据库数据的方法，包括插入、删除、修改数据。

掌握使用 Python 查询 MySQL 数据库数据的方法。

二、实验内容

根据第 4 章和第 5 章实验中创建的学生成绩管理数据库以及学生表、课程表和学生成绩表，在 Python 中使用 Python 代码和 SQL 语句完成数据操作功能，并给出代码。

（1）使用 Python 连接数据库 education_lab，代码如下。

```
import mysql.connector
# 打开数据库连接
db=mysql.connector.connect(
  host='localhost',
  user='root',
  passwd='123456',
  database='education_lab'
)
```

（2）使用 Python 向学生成绩表中插入表 17-4 所示的两条记录，代码如下。

```
import mysql.connector
# 打开数据库连接
db=mysql.connector.connect(
  host='localhost',
  user='root',
  passwd='123456',
  database='education_lab'
)
# 使用 cursor() 方法创建一个游标对象
cursor = db.cursor()
# 执行 SQL 语句
cursor.execute("INSERT INTO student VALUES('M001','0531','2019-2-26
13:15:12',77,0.4,null)")
cursor.execute("INSERT INTO student VALUES('K002','0591','2018-2-26
13:15:12',82.5,0.4,86)")
# 提交到数据库执行
db.commit()
# 关闭数据库连接
db.close()
```

（3）把平时成绩和期末成绩为空的学生的成绩修改成 0，代码如下。

```
import  mysql.connector
# 打开数据库连接
db=mysql.connector.connect(
   host='localhost',
   user='root',
   passwd='123456',
   database='education_lab'
)
# 使用 cursor() 方法创建一个游标对象
cursor=db.cursor()
# 执行 SQL 语句
cursor.execute("UPDATE sc SET exam_score = 0 WHERE common_score is null")
cursor.execute("UPDATE sc SET exam_score = 0 WHERE exam_score is null")
# 提交到数据库执行
db.commit()
# 关闭数据库连接
db.close()
```

（4）查询所有学生的每门课程的总成绩（总成绩=平时成绩*平时成绩比重+考试成绩*（1-平时成绩比重））并输出，代码如下。

```
import  mysql.connector
# 打开数据库连接
db=mysql.connector.connect(
   host='localhost',
   user='root',
   passwd='123456',
   database='education_lab'
)
# 使用 cursor() 方法创建一个游标对象
cursor=db.cursor()
# 执行 SQL 语句
cursor.execute("SELECT sno,cno,AVG((common_score * common_ratio) +
(exam_score * (1-common_ratio))) AS avg_grade FROM sc GROUP BY sno,cno")
# 获取所有记录列表
results=cursor.fetchall()
# 输出结果
print(results)
# 关闭数据库连接
db.close()
```

（5）查询期末成绩最高的同学的成绩信息并输出，代码如下。

```
import  mysql.connector
# 打开数据库连接
db=mysql.connector.connect(
   host='localhost',
   user='root',
   passwd='123456',
   database='education_lab'
)
```

```
# 使用 cursor() 方法创建一个游标对象
cursor = db.cursor()
# 执行 SQL 语句
cursor.execute("SELECT * FROM sc ORDER BY exam_score DESC")
# 获取所有记录列表
result = cursor.fetchone()
# 输出结果
print(result)
# 关闭数据库连接
db.close()
```

（6）统计学生期末成绩低于所有学生总平均成绩的人数，代码如下。

```
import  mysql.connector
# 打开数据库连接
db=mysql.connector.connect(
   host='localhost',
   user='root',
   passwd='123456',
   database='education_lab'
)
# 使用 cursor() 方法创建一个游标对象
cursor=db.cursor()
# 执行 SQL 语句
cursor.execute("SELECT COUNT(*) FROM sc WHERE exam_score < (SELECT 
AVG(exam_score) FROM sc) ")
# 获取所有记录列表
result = cursor.fetchall()
# 输出结果
print(result)
# 关闭数据库连接
db.close()
```

（7）删除平时成绩和期末成绩都为 0 的记录，并输出删除的记录数，代码如下。

```
import  mysql.connector
# 打开数据库连接
db = mysql.connector.connect(
    host='localhost',
    user='root',
    passwd='123456',
    database='education_lab'
)
# 使用 cursor() 方法创建一个游标对象
cursor = db.cursor()
# 执行 SQL 语句
cursor.execute("DELETE FROM sc WHERE common_score = 0 AND exam_score = 0")
# 获取所有记录列表
result = cursor.rowcount
# 输出结果
print(result)
# 关闭数据库连接
db.close()
```